ゼロからはじめる制御工学

Control Engineering for Beginners

講談社

竹澤 聡
Satoshi Takezawa

はじめに

 2020年東京オリンピック開催まで残すところ3年を切った2017年9月9日，陸上男子100mで大学生の桐生祥秀選手が9秒98の日本人初の9秒台の記録を生み出し，一段とこのビッグイベントへの期待感が高まっています．そんな中，このスポーツの大祭典に呼応するかのように，現在，自動運転技術，AIに代表される分野では，さらなる高度化・精緻化が求められ，これまで以上に制御工学が果たす役割は重要度を増してきています．一方，制御という学問は，実は理系の学科に限ったものではないことが昔からいわれています．それだけに，制御工学という専門科目を学ぶ機会を得た皆さんは，期待と不安の入り混じった複雑な心境にあるのではないでしょうか．

 筆者が思うには，この制御工学という分野には，TVゲームやスマフォゲーム世代に育った皆さんであればこそ，経験したような考え方が存在します．いわば「仮想の世界」に行って「ミッション」をこなし，その結果を「現実の世界」に持ち帰って判定するというような，これまでの勉強ではあまり体験したことのない学びの世界が存在します．本書は，制御工学の醍醐味をぜひ知ってもらいたいという想いを込めて，『ゼロからはじめる制御工学』と題しました．制御工学の面白さと重要性についてぜひとも紹介したいと思っています．

 本書は，北海道科学大学工学部機械工学科の3年生を対象とした「制御工学Ⅰ」と「制御工学Ⅰ演習」の講義ノートをもとに執筆しました．この講義では，佐藤和也ほか（著）『はじめての制御工学』（講談社）を長年採用してきました．したがって，本書は同教科書の影響を強く受けています．また，本書を執筆するにあたっても，同教科書を大変参考とさせていただきました．ここで，紙面をお借りして，深く感謝申し上げます．

 最後に，本書の出版にあたり，何度も何度も背中を押していただいた，講談社サイエンティフィクの奥薗淳子 元営業部長および出版部の皆さまに深く謝意を表します．また，原稿の作成については，2015年度竹澤ゼミ4年生9名が卒業研究と就職活動の合間を縫って献身的に協力してくれました．ありがとうございました．最後に，筆者をいつも励まし，暖かく見守ってくれた妻の純子，2人の子供の充弘と美里に感謝します．

2017年12月　　竹澤　聡

目　次

第1章 制御工学とは …………………………………………………………………… 1

1.1 制御工学と数学の準備 …………………………………………… 1
1.2 制御工学の概要 ………………………………………………………… 6

第2章 微分方程式と数学モデル ……………………………… 10

2.1 静的システム ………………………………………………………………… 10
2.2 制御工学からみた数式モデルの変形 ……………… 11
2.3 動的システムと数式モデル ……………………………… 12
2.4 機械系の動的システム ……………………………………… 12
2.5 電気系の動的システム ……………………………………… 17

第3章 ラプラス変換と伝達関数 ……………………………… 21

3.1 ラプラス変換とは ……………………………………………………… 21
3.2 ラプラス変換と逆ラプラス変換 ……………………… 22
3.3 伝達関数とは ……………………………………………………………… 33
3.4 伝達関数とブロック線図 ……………………………………… 34
3.5 なぜ伝達関数からブロック線図なのか ……………… 35
3.6 ブロックの結合と簡単化 ……………………………………… 39

第4章 動的システムの時間応答 ……………………………… 44

4.1 インパルス入力のイメージ ……………………………… 44
4.2 インパルス応答 ………………………………………………………… 44
4.3 単位ステップ入力とは ……………………………………… 49
4.4 単位ステップ応答 …………………………………………………… 49

第5章 システムの応答解析 … 54

5.1 過渡特性と定常特性 … 54
5.2 1次遅れ系の応答 … 57
5.3 2次遅れ系の応答 … 62

第6章 極とシステムの応答 … 77

6.1 特性方程式と極 … 77
6.2 極とシステムの応答との視覚的関係 … 80

第7章 システムの安定性 … 84

7.1 安定性 … 84
7.2 定常特性 … 84
7.3 過渡特性と安定性 … 90
7.4 ラウスの安定判別法 … 93

第8章 周波数特性とボード線図 … 98

8.1 周波数応答 … 98
8.2 周波数特性 … 102
8.3 ボード線図 … 103
8.4 基本要素の周波数特性 … 106

第9章 ボード線図の合成と2次遅れ系の周波数特性 … 117

9.1 ボード線図の合成 … 117
9.2 2次遅れ系の周波数応答と共振現象 … 122

第10章 周波数伝達関数とベクトル軌跡 … 131

10.1 周波数伝達関数 … 131
10.2 ベクトル軌跡（ナイキスト軌跡） … 135

第11章 ナイキストの安定判別法 142

11.1 制御系の構成 142
11.2 制御系の安定 143
11.3 ナイキストの安定判別法とは 145
11.4 ナイキストの安定判別法：準備 146
11.5 ナイキストの安定判別法：使い方 148
11.6 簡略化されたナイキストの安定判別法 149
11.7 安定余裕：位相余裕とゲイン余裕 151

第12章 制御系の設計 159

12.1 制御系の設計仕様 159
12.2 フィードフォワード制御系の設計 160
12.3 フィードバック制御系の設計 164

第13章 PID制御 173

13.1 コントローラの構成 173
13.2 根軌跡法による設計パラメータと極の関係 180

第14章 制御系の定常特性 192

14.1 定常偏差 192
14.2 目標値に対する定常偏差 194
14.3 外乱に対する定常偏差 195

第15章 総合演習 199

中間試験対策 199
期末試験対策 200
大学院入試対策 201
機械設計技術者試験 3 級対策 205

第 1 章

制御工学とは

　制御工学は，産業革命とともに始まった，もっとも古い工学の 1 つであるが，最近では「制御なしには機械なし」といわれるほど，その重要性は高まっている．制御工学で取り扱う制御対象は，ロボットのようなメカニカルシステム，電気電子システム，化学システム，建築構造物，航空機・人工衛星，バイオシステムなど，多岐に渡っている．なぜならば，ダイナミクス（動特性や動力学などと訳される）をもつシステムであればすべて制御対象になり得るからである．そのため，工学システムだけでなく，時々刻々と変化する経済や社会システムなども制御工学の対象と考えることができる．このように，制御工学は，さまざまな分野が関係する横断的・学際的な学問分野であり，現代工学の基礎ともいえる重要な学問である．

1.1 制御工学と数学の準備

　制御工学では，制御系を設計するための制御理論が大きな役割を占めている．制御理論は，工学の中で数学の果たす役割がもっとも大きい学問領域といわれている．そこでまず冒頭に，学生諸君はいきなり「もう，自分には向かない分野だな」という何の根拠もない偏見を，けっしてもつべきではないことを強調しておきたい．

　制御工学を勉強するために考えられる数理的基礎科目は，以下の通りである．

◆ 数学
　　– 代数幾何学
　　– 微分方程式（連続時間系）
　　– 複素関数論
　　– 線形代数（行列，ベクトル）
　　– フーリエ解析，ラプラス変換
　　– z 変換，線形システム理論

第 1 章 ◆ 制御工学とは

◆ 物理学
　　– 力学（運動方程式，保存則）
　　– 電気電子回路

　以上の数理分野を互いにうまく関連づけられるように，本章では数学の基本をおさらいする．これにより，制御系の設計で直面する問題を解くヒントを得ることができる．具体的には，指数関数，微分方程式および複素数について復習する．

1.1.1　指数関数の性質

　指数関数 $y = a^x$ において，a を底，x をべき指数とよぶ．微分方程式を扱うにあたり，本書では底として e を用いる[*1]．一般には $y(x) = e^x$ と表すことに対して，工学では時間 t を変数として関数の振る舞いを調べることから，$y(t) = e^t$ と表す．指数関数の性質は，以下に整理される．

$$e^0 = 1$$

$$\frac{de^t}{dt} = e^t$$

この性質を用いると以下の微分方程式

$$\frac{dy(t)}{dt} = y(t) \tag{1.1}$$

の初期値 $y(0) = 1$ としたときの解は $y(t) = e^t$ となる．

　では，$y(t) = e^{at}$ の振る舞いについて考えよう．微分方程式

$$\frac{dy(t)}{dt} = ay(t) \tag{1.2}$$

の初期値を $y(0) = 1$（すなわち $C_0 = 1$[*1]）としたときの解は，$y(t) = e^{at}$ となる．図 1.1 は，$a = 1$ の場合における指数関数 $y(t) = e^t$ の振る舞いを示したものである．このグラフより，式 (1.2) の a が正の値の場合，時間が十分に経つと $(t \to \infty)$，$y(t)$ の値は無限大に発散することがわかる $(y(\infty) = \infty)$．

　一方，式 (1.2) の a が負の値の場合はどうなるかというと，以下が成り立つ．

[*1]　底 e はネイピア数とよばれ，e $= 2.71828\cdots$ である．また，C_0 は積分定数である．

2

$$\lim_{t\to\infty} y(t) = \lim_{t\to\infty} \mathrm{e}^{at} = 0 \qquad (a<0) \tag{1.3}$$

すなわち,時間が十分に経つと $(t\to\infty)$, $y(t)$ の値は 0 に収束する $(y(\infty)=0)$. また,a の値が負方向に大きければ大きいほど,$y(t)$ の値はより速く 0 に収束する.図 1.2 は,式 (1.2) において,$a = -0.1, -0.5, -1.0$ とした場合の $y(t)$ の振る舞いを示したものである.

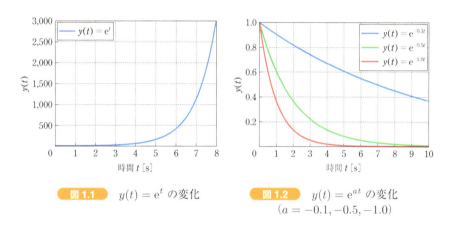

図 1.1 $y(t) = \mathrm{e}^t$ の変化

図 1.2 $y(t) = \mathrm{e}^{at}$ の変化 $(a = -0.1, -0.5, -1.0)$

1.1.2 微分方程式とは

微分方程式の重要性について触れておこう.制御工学でなぜ微分方程式を取り扱うかというと,時間 t の変化にともなう時間変数 $y(t)$ の変化の様子が微分方程式を解くことによって明らかになるからである.つまり,微分方程式は変数の変化の割合を表しており,微分方程式を解くことができれば,時間変数 $y(t)$ の振る舞いを知ることができるのである.例として式 (1.2) の微分方程式を再度考えてみよう.

$$\frac{\mathrm{d}y(t)}{\mathrm{d}t} = ay(t) \tag{1.4}$$

式 (1.4) の微分方程式は変数分離形といわれ,さまざまな工学の世界の現象を表すことで知られており,よく目にする重要な式である.式 (1.4) をもとに,変数分離形をおさらいしてみよう.

第 1 章 ◆ 制御工学とは

$$\frac{\mathrm{d}y(t)}{y(t)} = a\mathrm{d}t$$

$$(左辺) = \int \frac{1}{y(t)}\mathrm{d}y(t) = \log_{10}|y(t)| + C \quad (C：積分定数)$$

$$(右辺) = at + C$$

$$(左辺) = (右辺) \ より \quad \log_{10}|y(t)| = at + C$$

上式の対数を自然対数 ln に置き換えた後，対数をはずして整理すると，

$$y(t) = \pm\mathrm{e}^{at+C} = C_0\mathrm{e}^{at}, \ (C_0 = \pm\mathrm{e}^C) \tag{1.5}$$

となる．式 (1.5) は，時間変数 $y(t)$ は独立変数 t の変化（時間の経過）にともなって指数関数的に変化することを示している[2]．

1.1.3 複素数の基礎

j は虚数単位とよばれ[3]，2 乗して -1 になる数である．実数 a に対し，ja を虚数といい，以下の関係式が成り立つ[4]．

$$(ja)^2 = j^2a^2 = -a^2$$

さらに，a, b を実数として，$z = a + jb$ の形で表される数を複素数という．図 **1.3** は複素平面とよばれ，$z = a + jb$ と点 P(a, b) との対応を示したものである[5]．また，横軸を実軸（図中では Re と書く），縦軸を虚軸（図中では Im と書く）という．

複素数の四則演算のポイントを以下にまとめる．

i) 足し算：$(a + jb) + (c + jd) = (a + c) + j(b + d)$
ii) 引き算：$(a + jb) - (c + jd) = (a - c) + j(b - d)$
iii) 掛け算：$(a+jb)(c+jd) = ac+j(ad+bc)+j^2bd = (ac-bd)+j(ad+bc)$

---

[2] e^{at} は $\exp(at)$ と書くことも多い．
[3] 数学の世界では虚数単位を i と記述することが多い．しかし，工学の世界では，電流を表す記号 i との混同を避けるため，虚数単位に j を用いる．
[4] 数学の世界では虚数単位を ai と後に記述するが，工学の世界では，虚数単位を ja と先に記述する．
[5] ガウス平面とよぶこともある．

4

iv) 割り算：

$$\frac{a+jb}{c+jd} = \frac{(a+jb)(c-jd)}{(c+jd)(c-jd)} = \frac{(ac+bd)+j(bc-ad)}{c^2+d^2}$$
$$= \frac{ac+bd}{c^2+d^2} + j\frac{bc-ad}{c^2+d^2}$$

複素数の四則演算のポイント

- i) 足し算と ii) 引き算は，実数項同士，虚数項同士をそれぞれ計算する．
- iii) 掛け算は，分配法則を使い虚数項の演算（$j^2 = -1$）に注意する．
- iv) 割り算では，分母を実数化することが重要である．高校の数学では「有理化」ともよばれた．実数化する場合は，分母の虚数部分の符号を変えたもの（複素共役という）を分母・分子にかければよい．

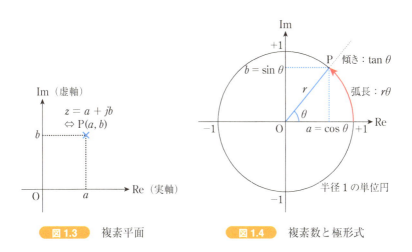

図1.3 複素平面

図1.4 複素数と極形式

1.1.4 複素数と極形式

図1.4 は，複素数と極形式の関係を示したものである．複素数 $z = a + jb$ が複素平面上の点 P にあるとする．動径 $\mathrm{OP} = r$ が実軸の正の向きに対して反時計回り方向になす角を θ とする．このとき，

第 1 章 ◆ 制御工学とは

$$a = r \cos \theta, \qquad b = r \sin \theta \tag{1.6}$$

と表すことができる．ここで式 (1.6) にオイラーの公式 (1.7) をあてはめる．

$$\mathrm{e}^{j\theta} = \cos \theta + j \sin \theta \tag{1.7}$$

オイラーの公式とは，幾何学的な意味をもつ三角関数と解析的な指数関数とが，虚数を介して表現できることを示したものである．ここで，$\sin \theta$ と $\cos \theta$ を求めるために式 (1.7) を変形すると，

$$\sin \theta = \frac{\mathrm{e}^{j\theta} - \mathrm{e}^{-j\theta}}{2j}, \qquad \cos \theta = \frac{\mathrm{e}^{j\theta} + \mathrm{e}^{-j\theta}}{2} \tag{1.8}$$

となる．この表現もまたオイラーの公式とよばれる．複素数 $z = a + jb$ はこのオイラーの公式を使うと，

$$z = a + jb = r \cos \theta + jr \sin \theta = r(\cos \theta + j \sin \theta) = r\mathrm{e}^{j\theta} \tag{1.9}$$

と書き換えられる．複素数 z を式 (1.9) で表現することを極形式とよんでいる．複素平面上の点を極座標平面と考えれば，

$$r = \sqrt{a^2 + b^2}, \qquad \theta = \tan^{-1} \frac{b}{a} \tag{1.10}$$

が得られる．また，動径 r を z の絶対値，θ を z の偏角とよび，以下に定義される．

$$|z| = r = \sqrt{a^2 + b^2}, \qquad \angle z = \theta = \tan^{-1} \frac{b}{a} \tag{1.11}$$

ここで，偏角の単位は一般的な角度を表す度 [deg] である．

1.2 制御工学の概要

1.2.1 制御対象のモデル化

　制御とは，「ある目的に適合するように，対象となっているものに所要の操作を行うこと」であり，それを行うものが自動制御装置である．あるものを思い通りに操作するためには，まず制御対象（制御を行う対象物，機械など）の構造や制御系の機能を把握する必要がある．もし，制御対象の重さや摩擦など物理パラメータがわかっていれば，微分方程式を用いて，さらに細かな

数学モデルを記述することも可能である．また，内部で起こる化学反応がわかれば化学反応モデルを作ることも可能であろう．しかし，制御対象の把握のために要する労力を考えると，制御目的を達成し得るならば制御系の構成を可能な限り単純にすることが望ましい．以後，制御対象の構造や特徴を記述したものを制御対象の「モデル」とよぶ．

1.2.2 制御工学の歴史的背景

自動制御の歴史は，産業革命時におけるワット（James Watt）の蒸気機関の遠心調速器（図1.5）の発明から始まるといわれている．これは，それまでの制御機構がシーケンス・プログラム方式[*6]であったのに対し，結果によって調速動作を変えるフィードバック方式が組み込まれ，制御機構があたかも頭脳をもったかのように動作することをさしている．ワットの蒸気機関が導入された装置は粉挽き機であった．当時の粉挽き機は，石臼で粉をひくとき，麦が多ければ負荷が高く，逆に麦が少なくなってくれば負荷が小さくなる構造であった．したがって，負荷の変動に左右されずに回転速度を一定に保ちたいと考えるのは当然の要求であった．

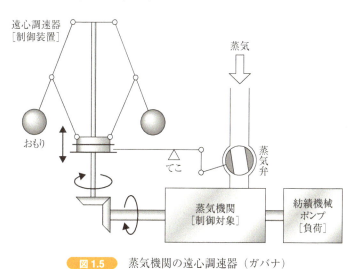

図1.5　蒸気機関の遠心調速器（ガバナ）

---

*6 あらかじめどのように動作をするかプログラムしておき，その通りに動かすこと．

図 1.5 は，遠心調速器（ガバナ）といって，回転するおもりと遠心力とを組み合わせた機構である．中心軸の回転が速いと，ガバナの上部に取り付けられた「てこ」が，蒸気弁を閉じる方向に働き，これによって回転速度が低下する．回転速度が低くなると，おもりが下がって，それが逆に「てこ」を押し上げ，蒸気弁を開く．このように再び回転速度が上がるという仕組みにより，結果として一定の速度で回転するように工夫されている．なお，このガバナとよばれる装置自体はワットの独創ではなかったといわれている．ワットの工夫はそれをフィードバック機構の中に組み込んだところにあるといわれている．

1.2.3　フィードバック制御系の基本要素

フィードバック制御系とは，制御量と目標値とを比較してその値の違いである誤差を用いて，制御対象への指令をコントローラ（操作部）がつかさどる構造といえる．図 1.6 は，フィードバック制御系の構成である．図における各信号の意味はつぎの通りである．

- 制御量 y：温度や角度など制御したい量
- 目標値 r：外部から与えられる指令値であり，制御量の目標となる値
- 操作信号 u：操作部の動きを指示する信号
- 操作量 u_m：操作部の動く量
- 検出量 y_m：制御対象から検出される量
- 検出信号 w：温度計など検出部から得られる信号

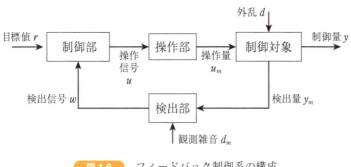

図 1.6　フィードバック制御系の構成

- 外乱 d：制御量の変動を引き起こすような操作量以外の信号
- 観測雑音 d_m：検出部に加わる雑音

章末問題

1.1 つぎの文章中の空欄を埋めなさい.

問 1 指数関数の性質には, $\mathrm{e}^0 = ($ 　　　　　　 $), \dfrac{\mathrm{d}\mathrm{e}^t}{\mathrm{d}t} = ($ 　　　　　　 $)$ がある.

問 2 複素平面では, 横軸を (　　　　　), 縦軸を (　　　　　) という.

問 3 オイラーの公式では, ネイピア数 e と偏角 θ で表されたものを三角関数を用いて表現すると, $\mathrm{e}^{j\theta} = ($ 　　　　　　 $) + j ($ 　　　　　　 $)$ となる.

問 4 制御とは, (　　　　　) に適合するように, (　　　　　) となっているものに所要の (　　　　　) を行うことである.

1.2 身近なシステムを例にとって, フィードバック制御の仕組みを説明しなさい.

1.3 教室の温度を制御する場合, その制御量 (教室の温度) に対して外乱となる要因をできるだけ多く挙げなさい.

1.4 制御システムを構成する 4 つの要素を述べなさい.

1.5 机の上のリンゴを手でとる動きを 1 つのフィードバック制御系と見なすことができる. このシステムにおいて「制御対象」,「検出部」,「操作部」,「制御部」に何が相当するかをそれぞれ述べなさい.

1.6 微分方程式 $\dfrac{\mathrm{d}y(t)}{\mathrm{d}t} = -10y(t)$ を解きなさい. ただし, 初期値は $y(0) = 5$ とする.

第 2 章

微分方程式と数学モデル

　本章では，まず制御工学で重要となる「動的システム」について説明する．続いて，制御対象の変化の様子を微分方程式で表現した数学モデルを紹介し，それらの扱い方を解説する．

2.1　静的システム

　システムという言葉は，ギリシャ語（sustema：結合する）に由来するとされている．各分野において意味が異なって用いられる単語の1つではあるが，一般的には，相互に影響を及ぼし合う複数の要素から構成されたもの，または，ある目的のために複数の機能をもつ部分から統合的に構成されたものといった意味で用いられている．静的システムとは，現在の出力 $f(t)$ が現在の入力 $x(t)$ のみによって決まるシステムのことである．静的で線形なシステムでは，出力は入力に比例し，その数学モデルは

$$f = Kx \tag{2.1}$$

と表される．ここで，K は定数である（本書では，時不変システム（数学モデルのパラメータが時間に依存しない系）を扱う）．

　ばねは振動などの力学系における基本的な構成要素であり，フックの法則（「変位と復元力は比例する」）が成り立つばねを線形ばねという．本書で扱うばねはすべて線形ばねである．**図 2.1** において，力 f [N] とばねの変位（自然長からの伸び）x [m] との関係を求めよう．力の方向について，x が増加する方向を正とすると，平衡点における力のつりあい式は，

$$f - Kx = 0 \tag{2.2}$$

となる．

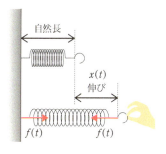

図 2.1 ばねの伸び

2.2 制御工学からみた数式モデルの変形

　ここで，加わる力 f が時間ごとに変化する時間変数を導入する．すなわち，力 f は時間 t ごとに異なる値をとるため，時間に依存した関数 $f(t)$ として表される．式 (2.1) より加える力 $f(t)$ に応じて，ばねの伸びである変位 x も時間とともに変化することから $x(t)$ と表すものとする．

　さらに，制御工学の考え方を加味すれば，$f(t)$ は操作量（すなわち入力）とよばれ，その結果として，ばねの伸び $x(t)$ は制御量（すなわち出力）とよばれる．$f(t)$ および $x(t)$ を用いると，式 (2.1) は以下のようになる．

$$x(t) = \frac{1}{K}f(t) \tag{2.3}$$

式 (2.3) が示すところは，今現在の力 $f(t)$ に対するばねの伸び $x(t)$ が得られるのみで，過去に加えられた力や伸びはまったく関係ないということである．制御工学では，入力変数を右辺に，出力変数を左辺に書く．なお，ばね定数 K において，変位と復元力が比例しないばね（非線形ばね）もあり，実際のばねは厳密にはすべて非線形ばねとなっている．さらに，入力と出力の間に比例関係がない（非線形な）システムもある．その場合の数学モデルは $x(t) = f(t)$ となる．ただし，$f(t)$ は $x(t)$ の非線形関数である．このような場合でも，$x(t)$ の範囲を限定すれば，線形システムとして近似できる場合がある．

2.3 動的システムと数式モデル

　動的システムとは，物体の入力と出力の関係が微分方程式で記述されるシステムのことである．制御工学では，一般的な意味でのシステムではなく，より限定した意味でシステムという単語を用いる．つまり数理的に記述されるシステムを対象とし，その中でもとくにダイナミクス（動的な振る舞い）をもつシステムに限定して考える．動的というのは，時間的な発展があるという意味であり，制御システムの多くは，そのような特徴をもっている．

　制御対象は機械，電気，化学などさまざまな工業分野の部品から構成されている．機械装置あるいは電気機器などは特定の分野の部品（要素）のみから製品となることはほとんどなく，さまざまな部品の複合体で構成される．しかし簡単のため，単純な制御対象となる要素から考えることとする．

2.4 機械系の動的システム

　機械系の動的システムには，物体の動きを 2 次元平面内で考えると，直動運動系と回転運動系の 2 つが存在する．図 2.2 は直動運動系の動的システムであり，3 つの要素が基本となっている．各要素において，力 $f(t)$ を入力，変位 $x(t)$ の微分である速度 $v(t) = \dot{x}(t)$ を出力とする．

a) ダンパ

　図 2.2(a) はダンパあるいはダッシュポットといい，油が満たされたシリンダ内に，可動するピストンがある．ピストンの移動速度 $v(t) = \dfrac{\mathrm{d}x(t)}{\mathrm{d}t}$ と，外部から加えられる水平方向の力 $f(t)$ の間には，

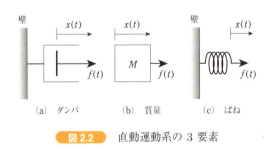

図 2.2　直動運動系の 3 要素

$$v(t) = \frac{1}{D}f(t) \tag{2.4}$$

という関係が成り立つ. ただし D は油の粘性抵抗係数である.

またダンパで消費されるエネルギーは毎秒

$$E(t) = Dv^2(t) \tag{2.5}$$

である.

b) 質量

図 2.2(b) は質量 M の水平方向の運動モデルである. 変位を $x(t)$ とし, 速度を $v(t) = \dfrac{\mathrm{d}x(t)}{\mathrm{d}t}$, 加速度を $\dfrac{\mathrm{d}v(t)}{\mathrm{d}t} = \dfrac{\mathrm{d}^2x(t)}{\mathrm{d}t^2}$ とする. 水平方向の力 $f(t)$ が物体にかかると, 作用・反作用の法則[*1] により,

$$f(t) = M\frac{\mathrm{d}^2x(t)}{\mathrm{d}t^2} \tag{2.6}$$

が成り立つ. これより, 力 $f(t)$ と速度 $v(t)$ との入出力関係は,

$$\frac{\mathrm{d}v(t)}{\mathrm{d}t} = \frac{1}{M}f(t) \tag{2.7}$$

すなわち

$$v(t) = \frac{1}{M}\int_0^t f(t)\mathrm{d}t \tag{2.8}$$

となる. また質量には速度に応じて

$$E(t) = \frac{1}{2}Mv^2(t) \tag{2.9}$$

の運動エネルギーが蓄積される.

c) ばね

図 2.2(c) はばねの運動モデルである. ばねの伸び縮みする変位 $x(t)$ と力 $f(t)$ の間には, ばね定数を K とすると,

$$f(t) = Kx(t) \tag{2.10}$$

[*1] ニュートンの第 3 法則ともよばれる.

第 2 章 ◆ 微分方程式と数学モデル

が成り立つ．式 (2.10) の両辺を時間微分し整理すると，力 $f(t)$ と速度 $v(t)$ との入出力関係がつぎのように得られる．

$$v(t) = \frac{1}{K} \frac{\mathrm{d}f(t)}{\mathrm{d}t} \tag{2.11}$$

また，ばねには位置エネルギーが蓄積され，その値は

$$E(t) = \frac{1}{2} K x^2(t) \tag{2.12}$$

である．

それでは，複数の基本要素から構成される簡単な機械系の動的システムの入出力関係を調べよう．図 2.3 は質量 M の物体が水平方向において，直動運動するモデルである．質量 M の物体にダンパ（粘性抵抗係数 D）とばね（ばね定数 K）が並列に接続され，物体は水平に直動運動できるものとする．これを「マス – ばね – ダンパシステム」とよぶ．なお，ダンパとばねの左端は壁に固定されている．ここで，物体に加える力 $f(t)$ を入力，変位 $x(t)$ を出力とする微分方程式を求めてみよう．この力学系において，

（物体に加わる力）＝（外力）－（ダンパの抗力）－（ばねの引力）

が成り立つ．これに作用・反作用の法則を適用すれば，

$$M \frac{\mathrm{d}^2 x(t)}{\mathrm{d}t^2} = f(t) - D \frac{\mathrm{d}x(t)}{\mathrm{d}t} - K x(t) \tag{2.13}$$

または

$$M \frac{\mathrm{d}^2 x(t)}{\mathrm{d}t^2} + D \frac{\mathrm{d}x(t)}{\mathrm{d}t} + K x(t) = f(t) \tag{2.14}$$

となり，2 階微分方程式が得られる．ただし初期条件は時刻 $t = 0$ での質量の変位と速度により，つぎのように与えられる．

$$x(0) = x_0, \qquad \frac{\mathrm{d}x(0)}{\mathrm{d}t} = \dot{x}_0 \tag{2.15}$$

この動的システムは，2 つのエネルギー蓄積要素（ばねと質量）があるため，2 階微分方程式となる．微分と積分との関係から，式 (2.14) において，入力 $f(t)$ を時間 0 から t まで積分した値が出力 $x(t)$ に影響を与える．つま

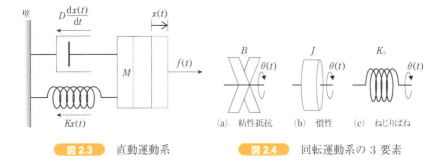

図2.3 直動運動系　　図2.4 回転運動系の3要素

り，時間 0 から t までの入力 $f(t)$ の時間的変化が物体の変位である出力 $x(t)$ に影響を与える．このことは，動的システムは静的システムとは異なり，過去の入力の時間的変化が現在の出力の値に影響を与えることを示している．

　これまでは，水平方向の直動運動を考えてきたが，機械系ではモータやエンジンのような回転運動体も実用上のシステムにおいて多くみられる．図2.4 は回転運動系の3要素であり，直動運動系の3要素に対応する．ここで，変位 $x(t)$ に回転角度 $\theta(t)$，速度 $v(t)$ に回転角速度 $\omega(t) = \dfrac{d\theta(t)}{dt}$，外力 $f(t)$ にトルク $\tau(t)$ をそれぞれ対応させれば，各要素の入出力関係は同じように導かれる．ただし，回転角速度 $\omega(t)$ を出力，トルク $\tau(t)$ を入力とする．

d) 粘性抵抗（回転ダンパ B）

　回転体には空気などの粘性抵抗により回転角速度 $\omega(t)$ に比例したトルク（ブレーキに相当）$\tau(t)$ が生じ，その間に

$$\omega(t) = \frac{1}{B}\tau(t) \tag{2.16}$$

が成り立つ．ただし B は粘性抵抗係数である．また粘性抵抗で毎秒消散されるエネルギーは，

$$E(t) = B\omega^2(t) \tag{2.17}$$

である．

第 2 章 ◆ 微分方程式と数学モデル

e) 慣性

慣性モーメント J にトルク $\tau(t)$ が加えられると，回転角加速度 $\omega(t)$ との間に

$$\frac{\mathrm{d}\omega(t)}{\mathrm{d}t} = \frac{1}{J}\tau(t) \tag{2.18}$$

すなわち，

$$\omega(t) = \frac{1}{J}\int \tau(t)\mathrm{d}t \tag{2.19}$$

が成り立つ．また，慣性モーメント J には回転運動エネルギー

$$E(t) = \frac{1}{2}J\omega^2(t) \tag{2.20}$$

が蓄えられる．

f) ねじりばね

ねじりばねの回転角度 $\theta(t)$ と外から加えるトルク $\tau(t)$ との間には，ねじりばねのばね定数を K_τ とすれば，

$$\theta(t) = \frac{1}{K_\tau}\tau(t) \tag{2.21}$$

が成り立つ．式 (2.21) の両辺を時間微分すると，

$$\omega(t) = \frac{1}{K_\tau}\frac{\mathrm{d}\tau(t)}{\mathrm{d}t} \tag{2.22}$$

を得る．ねじりばねには位置エネルギー

$$E(t) = \frac{1}{2}K_\tau\theta^2(t) \tag{2.23}$$

が蓄えられる．

表 2.1 は，直動運動系と回転運動系の記号の対応関係を示したものである．どちらも微分方程式の階数（型ともいう）が同じであり，このような性質を物理システムの類似性（アナロジー）とよぶ．

図 2.5 は，回転運動系の動的システムの構造例であり，ねじりばね，粘性抵抗，慣性から構成され，図 2.3 の直動運動系に対応する．この回転運動系

表 2.1　直動運動系と回転運動系の対応関係

直動運動系	回転運動系
力 $f(t)$	トルク $\tau(t)$
質量 M	慣性モーメント J
伸縮ばね係数 K	ねじりばね係数 K_τ
粘性抵抗係数 D	粘性抵抗係数 B
変位 $x(t)$	回転角度 $\theta(t)$
速度 $v(t)$	回転角速度 $\omega(t)$

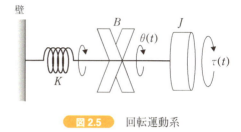

図 2.5　回転運動系

において入力をトルク $\tau(t)$, 出力を回転角度 $\theta(t)$ として, 入出力関係を求めてみよう.

図 2.3 の直動運動系と図 2.5 の回転運動系との対応をとると, その入出力関係は

$$J\frac{\mathrm{d}^2\theta(t)}{\mathrm{d}t^2} + B\frac{\mathrm{d}\theta(t)}{\mathrm{d}t} + K_\tau \theta(t) = \tau(t) \tag{2.24}$$

$$\theta(0) = \theta_0, \qquad \frac{\mathrm{d}\theta(0)}{\mathrm{d}t} = \dot{\theta}_0 \tag{2.25}$$

となり, 式 (2.14) と同様に, 2 階微分方程式および初期条件が得られる. この場合も, 加えられたトルクは, 慣性モーメント, ねじりばねの 2 つの要素に運動エネルギーが蓄積されるのに対し, 粘性抵抗においては伝達されたエネルギーが消費され, その結果, 回転角度 $\theta(t)$ は動的な挙動をとる.

2.5　電気系の動的システム

電気回路の基本要素に現れる物理量は電圧 $v(t)$ と電流 $i(t)$ であるが, $v(t)$ と $i(t)$ の間の入出力関係を示すには, まず入出力をどちらにとるかを決めなくてはならない. ここでは, 機械系との対応が容易という理由で, $v(t)$ を入力, $i(t)$ を出力とする.

図 2.6 は RLC 直列回路とよばれ, 抵抗 R とキャパシタ C との間にさらにエネルギー蓄積要素であるインダクタ L を挿入した基本的な回路である. L は入力の微分動作をもつが, これを挿入したとき微分方程式はどのように変わるであろうか. 印加電圧 $v_{in}(t)$ を入力, C の両端の電圧 $v_{out}(t)$ を出力

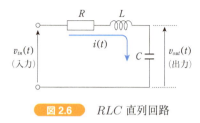

図 2.6 RLC 直列回路

(実際には電流 $i(t)$ のこと) として入出力関係を求めてみよう．

回路に流れる電流を $i(t)$ とすると，キルヒホッフの法則より，

$$L\frac{\mathrm{d}i(t)}{\mathrm{d}t} + Ri(t) + v_{out}(t) = v_{in}(t) \tag{2.26}$$

となる．先に $i(t)$ を出力とした理由は，以下の関係によるものである．

$$i(t) = C\frac{\mathrm{d}v_{out}(t)}{\mathrm{d}t} \tag{2.27}$$

式 (2.27) を時間微分すれば，

$$\frac{\mathrm{d}i(t)}{\mathrm{d}t} = C\frac{\mathrm{d}^2 v_{out}(t)}{\mathrm{d}t^2} \tag{2.28}$$

となる．

式 (2.26) に式 (2.28) を代入し整理すると，

$$LC\frac{\mathrm{d}^2 v_{out}(t)}{\mathrm{d}t^2} + RC\frac{\mathrm{d}v_{out}(t)}{\mathrm{d}t} + v_{out}(t) = v_{in}(t) \tag{2.29}$$

となり，2 階微分方程式が得られる．制御工学では一般的に，左辺に出力 $v_{out}(t)$ に関係する式を，右辺に入力 $v_{in}(t)$ を記述する．なお，初期条件は，

$$v_{out}(0) = V_0, \qquad \frac{\mathrm{d}v_{out}(0)}{\mathrm{d}t} = \dot{V}_0 = \frac{1}{C}I_0 \tag{2.30}$$

とする．ここで，V_0 は C の初期電圧，I_0 は回路に流れる初期電流である．

このように RLC 回路の場合は，「マス – ばね – ダンパシステム」同様，その入出力関係の数学モデルは 2 階微分方程式となる．回路中のエネルギー蓄積要素が増えるほど，動的システムの入出力関係を表す微分方程式の階数は

増えることになる.

　機械系も電気系も同じ 2 階微分方程式で表すことができ，図 2.7 に示す機械系と電気系のアナロジーが成り立つ．アナロジーは，制御工学だけではなく，他の技術の体系化にも大変重要な考え方である．機械系の数学モデルをもとに得られた知識や結果は，それと等価な電気回路の制御対象にもそのまま転用でき，これは大変な利点である.

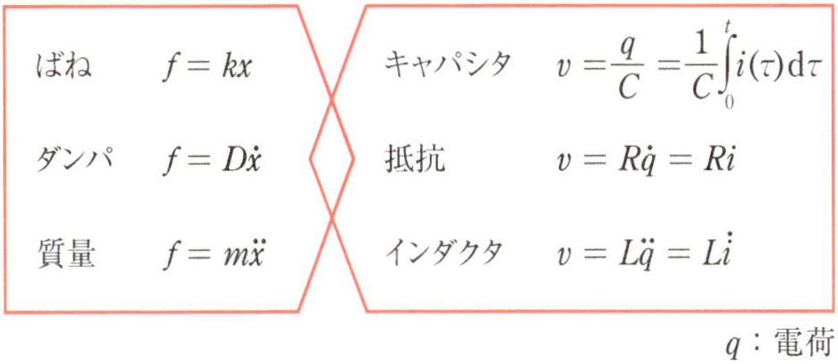

ばね　　　$f = kx$　　　　キャパシタ　$v = \dfrac{q}{C} = \dfrac{1}{C}\displaystyle\int_0^t i(\tau)\mathrm{d}\tau$

ダンパ　　$f = D\dot{x}$　　　　抵抗　　　　$v = R\dot{q} = Ri$

質量　　　$f = m\ddot{x}$　　　　インダクタ　$v = L\ddot{q} = L\dot{i}$

q：電荷

図 2.7　機械系と電気系のアナロジー

章末問題

2.1　つぎの文章中の空欄を埋めなさい.

　　問 1　静的システムは，（　　　　　　　　）が（　　　　　　　　）によって決まるシステムである.

　　問 2　動的システムは，（　　　　　　　　）が現在および（　　　　　　　　）にも依存するシステムで，（　　　　　　　　）で表される.

2.2　図 2.8 に示す直線運動は，質量 M の台車にダンパが接続された「マス‐ダンパシステム」である．力 $f(t)$ の働きにより物体の変位 $y(t)$ がどのように変化するのかを運動方程式で示しなさい．ここで，ダンパの粘性抵抗係数を D とし，物体と床面との間の摩擦は無視できるとする.

2.3　図 2.9 に示す直線運動は，質量 M の台車にダンパとばねが接続された「マス‐ばね‐ダンパシステム」である．力 $f(t)$ の働きにより物体の変位 $y(t)$ がどのように変化するのかを運動方程式で示しなさい．ここで，ばね定数を K，ダンパの粘性抵抗係数を D とし，物体と床面との間の摩擦は無視できるとする.

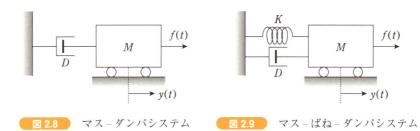

図 2.8 マス–ダンパシステム　　**図 2.9** マス–ばね–ダンパシステム

2.4 式 (2.24) において，ねじりばねのばね定数が $K_\tau = 0$ のとき，トルク $\tau(t)$ と回転角速度 $\omega(t)$ との関係を表す微分方程式を求めなさい．

2.5 図 2.10 に示す抵抗 R とキャパシタ C が直列に接続された RC 直列回路において，入力を $u(t) = v_{in}(t)$, $v_R(t) + v_C(t) = v_{in}(t)$ としたときの微分方程式を求めなさい．

2.6 前問 2.5 において出力を $y(t) = v_{out}(t) = \dfrac{1}{C}\displaystyle\int_0^t i(\tau)d\tau$ としたときの微分方程式を求めなさい．

2.7 図 2.11 に示す抵抗 R とキャパシタ C が並列に接続された RC 並列回路において，電流を入力 $u(t) = i_S(t)$, キャパシタの両端の電圧を出力 $y(t) = v(t)$ としたときの微分方程式を求めなさい．ただし，$t = 0$ においてキャパシタの電荷はゼロとする．

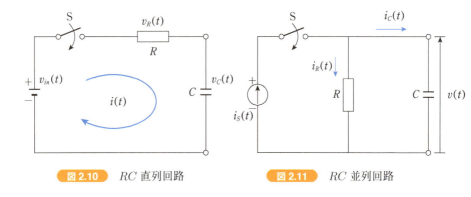

図 2.10 RC 直列回路　　**図 2.11** RC 並列回路

第3章 ラプラス変換と伝達関数

2章では,制御対象をモデル化する際には,微分方程式で記述することを説明した.実は,微分方程式を解く際にラプラス変換の威力が多いに発揮される.ラプラス変換を使う目的は,積分を陽に扱わないで楽に求解できることにあろう.本章では,ラプラス変換の定義を明らかにし,代表的なラプラス変換の事例を示す.また,ラプラス変換や逆ラプラス変換の見通しをつけやすくするための完全平方式を復習し,代数方程式の解法に欠かすことのできない部分分数展開についても述べる.その後に,システムの伝達関数とブロック線図について解説する.

3.1 ラプラス変換とは

なんといっても,ラプラス変換の利点の1つは,微分方程式がラプラス変換によって,簡単な代数方程式に変換され,その結果,加減乗除の四則演算にて扱えることである.これによって,困難と思われた対象が非常に見覚えのある形に変わる.学生諸君が積み上げてきた基本的な数学の知識だけで一気に解を導き出すことができる画期的な手法である.図 3.1 にラプラス変換のイメージを示す.とくに,時間 t の空間と複素数 s の空間を解析のために行ったり来たりするという考え方は,まるで現実と仮想の世界の時空を超え

図 3.1 ラプラス変換のイメージ

第 3 章 ◆ ラプラス変換と伝達関数

て旅をするといった，TV ゲームなどで経験した感覚とよく似ている．

3.2 ラプラス変換と逆ラプラス変換

3.2.1 ラプラス変換の定義式

時間 $t \geq 0$ で定義された実数値関数 $f(t)$ において，

$$\int_0^\infty f(t)\mathrm{e}^{-st}\mathrm{d}t \tag{3.1}$$

を考えよう．ここで，s は複素数である．この積分値を用いて定義したものがつぎに示される $f(t)$ のラプラス変換である．

ラプラス変換

$$F(s) = \mathcal{L}[f(t)] = \int_0^\infty f(t)\mathrm{e}^{-st}\mathrm{d}t \tag{3.2}$$

つまりラプラス変換とは，時間 t で変化する実数値関数 $f(t)$ を複素数 s で変化する複素関数 $F(s)$ に変換することである．式 (3.2) は，

$$F(s) = \mathcal{L}[f(t)] \tag{3.3}$$

と略記することが多い．$\mathcal{L}$ は角カッコ内の時間変数をラプラス変換するという演算子であり，本書ではラプラス変換した後の変数を，変換前と区別するために大文字で書くことを原則とする．$\mathcal{L}[\ ]$ の独特の書き方にまずは慣れてほしい．

では，ラプラス変換の基礎事項を整理しておくことにしよう．時間変数 $x(t)$ をラプラス変換するとつぎで表される．

◆ 時間変数 $x(t)$ のラプラス変換

$$\mathcal{L}[x(t)] = X(s) \tag{3.4}$$

つまり，独立変数 t による時間変数 $x(t)$ が独立変数 s によるラプラス

変数（複素関数）$X(s)$ に変わる.

◆ 時間変数 $x(t)$ の時間微分 $\dfrac{\mathrm{d}x(t)}{\mathrm{d}t}$ のラプラス変換

$$\mathcal{L}\left[\frac{\mathrm{d}x(t)}{\mathrm{d}t}\right] = sX(s) - x(0) \tag{3.5}$$

式 (3.5) の特徴は, $t = 0$ のときの時間変数 $x(t)$ の初期値 $x(0)$ が右辺に出現することである. さらに, 時間微分のラプラス変換は時間変数 $x(t)$ をラプラス変換した, ラプラス変数 $X(s)$ と独立変数 s とをかけ合わせた項になることである.

◆ 時間変数 $x(t)$ の時間積分 $\displaystyle\int_0^t x(\tau)\mathrm{d}\tau$ のラプラス変換

$$\mathcal{L}\left[\int_0^t x(\tau)\mathrm{d}\tau\right] = \frac{1}{s}X(s) \tag{3.6}$$

式 (3.6) に示す通り, 時間積分のラプラス変換は時間変数 $x(t)$ をラプラス変換した, ラプラス変数 $X(s)$ と独立変数 $\dfrac{1}{s}$ とをかけ合わせた項になる.

すなわちラプラス変換によって, 微分や積分の操作が, それぞれ掛け算や割り算として方程式中で簡単に行えるようになる.

例題 3.1

$\dfrac{\mathrm{d}y(t)}{\mathrm{d}t} = ay(t)$ で表される微分方程式をラプラス変換を用いて解きなさい.

解答

$$\frac{\mathrm{d}y(t)}{\mathrm{d}t} = ay(t) \tag{3.7}$$

式 (3.5) より式 (3.7) の両辺をラプラス変換すると,

$$sY(s) - y(0) = aY(s) \tag{3.8}$$

第 3 章 ◆ ラプラス変換と伝達関数

となる．つぎに，式 (3.8) を $Y(s)$ についてまとめると，

$$(s - a)Y(s) = y(0) \tag{3.9}$$

となる．s は単なる変数として取り扱ってよいことから，両辺を $(s-a)$ で割ると式 (3.9) は，

$$Y(s) = \frac{1}{s - a}y(0) \tag{3.10}$$

となる． □

3.2.2 逆ラプラス変換

さて，皆さんはいま何を知りたいかというと，微分方程式の解，すなわち $y(t)$ がどのような関数になるかということである．それならば，時間変数 $y(t)$ のラプラス変換は $Y(s)$ であるから，$Y(s)$ を $y(t)$ の形に変化する逆ラプラス変換が存在すると考えるのではないだろうか．その通りである．感覚的には，仮想世界から現実世界に戻る操作と思ってよろしい．図 3.1 では，時間 t を独立変数とする関数 $f(t)$ をラプラス変換し，$F(s)$ で考えることの大切さを示した．しかし，現実の世界では時間 t に対しての変化が知りたいので，$F(s)$ を $f(t)$ に変換し直す必要がある．この操作が逆ラプラス変換であり，つぎで表される．

$$f(t) = \mathcal{L}^{-1}[F(s)] \tag{3.11}$$

具体的にはつぎに説明するが，表 3.1（→ 29 ページ）により難しいと思われた微分方程式の解を簡単に求めることができる．最初に，$X(s)$ と $\frac{1}{s - a}$ の逆ラプラス変換を解説する．その理由は，これらを用いて式 (3.10) に逆ラプラス変換を適用すると，$y(t) = \mathrm{e}^{at}y(0) = C_0 \mathrm{e}^{at}$（$C_0$ は積分定数）の解を得ることが簡単に示すことができるからである．

◆ $X(s)$ の逆ラプラス変換

$$\mathcal{L}^{-1}[X(s)] = x(t) \tag{3.12}$$

これは式 (3.4) を逆にした形である．$\mathcal{L}^{-1}$ は角カッコ内の変数を逆ラプラス変換するという意味の記号である．$\mathcal{L}^{-1}[\,]$ の書き方にも慣れよう．

24

◆ $\dfrac{1}{s-a}$ の逆ラプラス変換

$$\mathcal{L}^{-1}\left[\frac{1}{s-a}\right] = \mathrm{e}^{at} \tag{3.13}$$

つまり，$\dfrac{1}{s-a}$ の逆ラプラス変換は指数関数となる．

また，ここでは a の符号が変換の前後で逆になることに気をつけよう．次節で述べるラプラス変換の定義に立ち戻れば容易に確認できるが，実用上では，一度誤って覚えてしまうとなかなか修正ができないのでしっかり身につけよう．

3.2.3 ラプラス変換の性質

本書で扱うラプラス変換の重要な性質をつぎにまとめる．

性質 1　ラプラス変換の線形性

$$\begin{aligned}
\mathcal{L}[a_1 x_1(t) + \cdots + a_k x_k(t)] &= a_1 \mathcal{L}[x_1(t)] + \cdots + a_k \mathcal{L}[x_k(t)] \\
&= a_1 X_1(s) + \cdots + a_k X_k(s)
\end{aligned} \tag{3.14}$$

ここで，$a_i\ (i = 1, \cdots, k)$ は任意の定数，$x_i(t)\ (i = 1, \cdots, k)$ は任意の時間変数である．

性質 2　時間微分

$$\mathcal{L}[\dot{f}(t)] = sF(s) - f(0) \tag{3.15}$$

$$\mathcal{L}[f^{(n)}(t)] = s^n F(s) - s^{n-1} f(0) - s^{n-2}\dot{f}(0) - \cdots - f^{(n-1)}(0) \tag{3.16}$$

ここで，$\dot{f}(t)$ と $f^{(n)}(t)$ はそれぞれ $f(t)$ の 1 階微分および n 階微分を表す．

◆ 2 階微分 $\dfrac{\mathrm{d}^2 x(t)}{\mathrm{d}t^2}$ のラプラス変換

$$\mathcal{L}\left[\frac{\mathrm{d}^2 x(t)}{\mathrm{d}t^2}\right] = s^2 X(s) \tag{3.17}$$

第 3 章 ◆ ラプラス変換と伝達関数

◆ n 階微分 $\dfrac{\mathrm{d}^n x(t)}{\mathrm{d}t^n}$ のラプラス変換

$$\mathcal{L}\left[\frac{\mathrm{d}^n x(t)}{\mathrm{d}t^n}\right] = s^n X(s) \tag{3.18}$$

時間変数 $x(t)$ の n 回微分とは，ラプラス変換後に s を n 回かける操作に対応することがわかる．

性質 3　時間積分

$$\mathcal{L}\left[\int_0^t f(\tau)\mathrm{d}\tau\right] = \frac{1}{s}F(s) \tag{3.19}$$

性質 4　最終値定理

$$\lim_{t \to \infty} f(t) = \lim_{s \to 0} sF(s) \tag{3.20}$$

ただし，最終値定理が使える条件は $sF(s)$ が安定[*1] の場合のみである．

3.2.4　基本的な関数のラプラス変換

システムの特性がよくわからない状態で，やみくもに入力信号を加えてもシステムの評価は不可能である．そのために，数式表現が明瞭で性質のよくわかっているインパルス入力（数学的にはデルタ関数とよばれる），単位ステップ入力およびランプ入力などを用いて，システムの応答を調べる．まず，これらの基本的な関数とそのラプラス変換を説明する．

a) デルタ関数

図 3.2 はデルタ関数 $\delta(t)$ の概略図である．$t = 0$ のとき ∞ でそれ以外 $(t \neq 0)$ は 0．しかし，$-\infty$ から ∞ までを積分すると面積が 1 となる関数を，ディラックのデルタ関数 $\delta(t)$，または単位インパルスとよぶ[*2]．

$$\delta(t) = \begin{cases} 0 & (t \neq 0 \text{ のとき}) \\ \infty & (t = 0 \text{ のとき}) \end{cases} \tag{3.21}$$

[*1]　伝達関数の「分母多項式」=0 とする方程式の根の実部が負となること．
[*2]　衝撃関数またはインパルス関数ともよぶ．

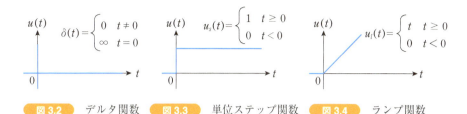

図 3.2 デルタ関数　　**図 3.3** 単位ステップ関数　　**図 3.4** ランプ関数

$$\int_{-\infty}^{\infty} \delta(t)\mathrm{d}t = 1, \qquad \delta(t) = 0 \qquad (t \neq 0) \tag{3.22}$$

任意の連続関数 $g(t)$ に対して，つぎが成り立つ．

$$\int_{-\infty}^{\infty} g(t)\delta(t)\mathrm{d}t = g(0) \tag{3.23}$$

よって，$g(t) = \mathrm{e}^{-st}$ とおけば，以下となる．一種の単位元のようなものと見なすことができる．

$$\mathcal{L}[\delta(t)] = \int_{0}^{\infty} \delta(t)\mathrm{e}^{-st}\mathrm{d}t = \mathrm{e}^{0} = 1 \tag{3.24}$$

b) 単位ステップ関数

図 3.3 は単位ステップ関数 $u_s(t)$ の概略図である．$u_s(t)$ は $t \geqq 0$ では値が 1 になり，以下で表される[*3]．

$$u_s(t) = \begin{cases} 1 & (t \geqq 0 \text{ のとき}) \\ 0 & (t < 0 \text{ のとき}) \end{cases} \tag{3.25}$$

$$\mathcal{L}[u_s(t)] = \int_{0}^{\infty} 1 \times \mathrm{e}^{-st}\mathrm{d}t = \int_{0}^{\infty} \mathrm{e}^{-st}\mathrm{d}t = \left[-\frac{1}{s}\mathrm{e}^{-st}\right]_{0}^{\infty} = \frac{1}{s} \tag{3.26}$$

c) ランプ関数

図 3.4 は単位ランプ信号 $u_r(t)$ の概略図である．$u_r(t) = t$ という時間関数

[*3] 実際に入力信号が入ってから出力信号が出る性質のことを「因果性がある」という．$u_s(t)$ は $t \geqq 0$ で値をもち，$t < 0$ のとき $u_s(0) = 0$ となる関数（信号）を因果信号とよぶ．

第 3 章 ◆ ラプラス変換と伝達関数

であり，以下で表される．

$$u_r(t) = \begin{cases} t & (t \geqq 0 \text{ のとき}) \\ 0 & (t < 0 \text{ のとき}) \end{cases} \tag{3.27}$$

$$\mathcal{L}[u_r(t)] = \mathcal{L}[t] = \frac{1}{s^2} \tag{3.28}$$

例題 3.2

$$\mathcal{L}[\mathrm{e}^{-at}] = \frac{1}{s + a}$$

となることを確かめなさい．

解答

ラプラス変換の定義：$F(s) = \mathcal{L}[f(t)] = \int_0^\infty f(t)\mathrm{e}^{-st}\mathrm{d}t$ より，

$$\mathcal{L}[\mathrm{e}^{-at}] = \int_0^\infty (\mathrm{e}^{-at})\mathrm{e}^{-st}\mathrm{d}t = -\frac{1}{s+a}\left[\mathrm{e}^{-(s+a)t}\right]_0^\infty = -\frac{1}{s+a}(0-1)$$

$$= \frac{1}{s+a} \qquad\qquad \square$$

例題 3.3

$$\mathcal{L}[t] = \frac{1}{s^2}$$

となることを確かめなさい．

解答

$$\mathcal{L}[u_r(t)] = \mathcal{L}[t] = \int_0^\infty t\mathrm{e}^{-st}\mathrm{d}t = \int_0^\infty t\left(-\frac{1}{s}\mathrm{e}^{-st}\right)'\mathrm{d}t$$

$$= \left[-\frac{1}{s}t\mathrm{e}^{-st}\right]_0^\infty - \int_0^\infty \left(-\frac{1}{s}\mathrm{e}^{-st}\right)\mathrm{d}t$$

$$= \int_0^\infty \left(\frac{1}{s}\mathrm{e}^{-st}\right)\mathrm{d}t = \left[-\frac{1}{s^2}\mathrm{e}^{-st}\right]_0^\infty = \frac{1}{s^2} \qquad \square$$

表 3.1 は，ラプラス変換の対応関係を示したものである．ラプラス変換をするとき，このラプラス変換表に対応させて変換するのが一般的である．まだ見慣れぬうちは対応の関連付けはしっくりしないだろうが，本書を読み進めるうちに変換のルールが自然と身についていくので心配はいらない．

表 3.1　ラプラス変換表

$f(t)$	$\mathcal{L}[f(t)] = F(s)$	$f(t)$	$\mathcal{L}[f(t)] = F(s)$
$\delta(t)$	1	$u_s(t) = 1$	$\dfrac{1}{s}$
t	$\dfrac{1}{s^2}$	t^n	$\dfrac{n!}{s^{n+1}}$
e^{-at}	$\dfrac{1}{s+a}$	$\mathrm{e}^{-at}t^n$	$\dfrac{n!}{(s+a)^{n+1}}$
$\sin\omega t$	$\dfrac{\omega}{s^2+\omega^2}$	$\mathrm{e}^{-at}\sin\omega t$	$\dfrac{\omega}{(s+a)^2+\omega^2}$
$\cos\omega t$	$\dfrac{s}{s^2+\omega^2}$	$\mathrm{e}^{-at}\cos\omega t$	$\dfrac{s+a}{(s+a)^2+\omega^2}$

3.2.5　完全平方式による活用

2 次方程式の計算における完全平方式の解き方について詳細に解説をする．完全平方式と聞くと懐かしい人もいるだろうし，記憶の彼方に飛んでしまった人にはかなり難しそうに聞こえるかもしれない．しかし，解き方は決まっているので恐れる必要はない．しっかり理解して 2 次方程式の計算を完璧にしておこう．完全平方式とは簡単にいうと，恣意的に「(　　)$^2 =$ 数」の形を作り出すことである．この作り方にはパターンがあり，このパターンに沿って計算していけばすべて変形可能である．なぜ，完全平方式の理解にこだわるかというと，表 3.1 に見られる通り，分母多項式を 1 次式に分解するだけでなく，sin や cos をラプラス変換したときに分母に現れる $(s+a)^2+\omega^2$ の形に変形する場合，完全平方式は必ず要求される操作であるからである．

それでは，以下の 3 つの手順を踏んで例題を解いていこう．

第 3 章 ◆ ラプラス変換と伝達関数

(1) 変数を含む項を降べきにして左辺に，数字を右辺にまとめる．
(2) s の 1 次の項の係数を半分にして，その係数の 2 乗を両辺に加える．
(3) 乗法公式を使って，左辺を $(s$ の 1 次式$)^2$ の形にして，「$(s$ の 1 次式$)^2 =$ 数」の形から「$(s$ の 1 次式$)^2 + ($数$)^2 = 0$」の形にもちこむ．

以上が完全平方式の作り方である．

例題 3.4

上述の (1)〜(3) にそって，2 次方程式 $s^2 + 4s + 29 = 0$ を完全平方しなさい．

解答

$$s^2 + 4s + 29 = 0 \rightarrow s^2 + 4s = -29$$
$$\rightarrow s^2 + 4s + 2^2 = -29 + 2^2$$
$$\rightarrow (s+2)^2 = -25$$
$$\rightarrow (s+2)^2 + 5^2 = 0$$

$\square$

3 つの手順を踏んで計算していけば，どんな形の計算であろうと変形できる．しっかり自分の力にしておこう[*4]．それでは，例題を解いてみよう．

例題 3.5

関数 $F(s) = \dfrac{3}{s^2 + 4s + 13}$ を逆ラプラス変換して，$f(t)$ を求めなさい．

解答

関数 $F(s)$ の分母の部分を完全平方すると，

[*4] 2 次方程式の計算は，問題によって最善の解法を自分で選んでいく必要がある．そのために，まずは解き方を学んで，それらを上手く使ってミスなく早く解くことが重要だ．たとえば，完全平方式を使って解ける問題でも，今後習う「解の公式」，「因数分解の解き方」の方が解答が早く求まるのであれば，そちらを使って解いた方がよい．

$$F(s) = \frac{3}{s^2 + 4s + 13} = \frac{3}{(s+2)^2 - 2^2 + 13} = \frac{3}{(s+2)^2 + 9}$$
$$= \frac{3}{(s+2)^2 + 3^2}$$

となる．この結果に，ラプラス変換表 3.1 を適用すると，つぎの逆ラプラス変換が容易に得られる．

$$f(t) = \mathcal{L}^{-1}[F(s)] = \mathcal{L}^{-1}\left[\frac{3}{(s+2)^2 + 3^2}\right] = \mathrm{e}^{-2t}\sin 3t$$

□

3.2.6 部分分数展開

ラプラス逆変換を求めるためには，表 3.1 に示される基本要素の形式にピタッとはめる数学的工夫が必要とされることがわかった．そのために，部分分数展開を是非とも身につけてほしい．部分分数にした後，分数の分子の未定係数を決定するために留数（ヘビサイドの展開定理）を用いると，容易に決定することができる．この方法について例題を通して説明する．

例題 3.6

つぎの関数を逆ラプラス変換しなさい．

$$Y(s) = \frac{1}{s(s+1)(s+2)}$$

解答

ここで，未定係数 α, β, γ を与えて

$$\frac{1}{s(s+1)(s+2)} = \frac{\alpha}{s} + \frac{\beta}{s+1} + \frac{\gamma}{s+2} \tag{3.29}$$

と変形して，式 (3.29) を留数（ヘビサイドの展開定理）を用いて分解する．そして，左辺と右辺を入れ替える．すなわち，つぎのようになる．

第 3 章 ◆ ラプラス変換と伝達関数

$$\frac{\alpha}{s} + \frac{\beta}{s+1} + \frac{\gamma}{s+2} = \frac{1}{s(s+1)(s+2)} \tag{3.30}$$

(1) まず，α を求める．式 (3.30) の両辺に未定係数の α の分母多項式 s をかけると，

$$\alpha + \frac{s\beta}{s+1} + \frac{s\gamma}{s+2} = \frac{s \times 1}{s(s+1)(s+2)} = \frac{1}{(s+1)(s+2)} \tag{3.31}$$

ここで，式 (3.30) の未定係数 α の分母多項式 s を 0 とする値，すなわち，$s=0$ を式 (3.31) に代入すると，左辺は α だけが残り，以下を得る．

$$\alpha = \left. \frac{1}{(s+1)(s+2)} \right|_{s=0} = \frac{1}{(0+1) \times (0+2)} = \frac{1}{2} \tag{3.32}$$

(2) つぎに，β を求める．式 (3.30) の両辺に未定係数の β の分母多項式 $s+1$ をかけると，

$$\frac{(s+1)\alpha}{s} + \beta + \frac{(s+1)\gamma}{s+2} = \frac{(s+1) \times 1}{s(s+1)(s+2)} = \frac{1}{s(s+2)} \tag{3.33}$$

ここで，式 (3.30) の未定係数 β の分母多項式 $s+1$ を 0 とする値，すなわち，$s=-1$ を式 (3.33) に代入すると，左辺は β だけが残り，以下を得る．

$$\beta = \left. \frac{1}{s(s+2)} \right|_{s=-1} = \frac{1}{(-1) \times (-1+2)} = \frac{1}{(-1) \times 1} = -1 \tag{3.34}$$

(3) さらに，γ を求める．式 (3.30) の両辺に未定係数の γ の分母多項式 $s+2$ をかけると，

$$\frac{(s+2)\alpha}{s} + \frac{(s+2)\beta}{s+1} + \gamma = \frac{(s+2) \times 1}{s(s+1)(s+2)} = \frac{1}{s(s+1)} \tag{3.35}$$

ここで，式 (3.30) の未定係数 γ の分母多項式 $s+2$ を 0 とする値，すなわち，$s=-2$ を式 (3.35) に代入すると，左辺は γ だけが残り，以下を得る．

$$\gamma = \frac{1}{s(s+1)}\bigg|_{s=-2} = \frac{1}{(-2) \times (-2+1)} = \frac{1}{(-2) \times (-1)} = \frac{1}{2} \tag{3.36}$$

得られた α, β, γ を式 (3.29) に代入するとつぎのようになる.

$$Y(s) = \frac{1}{2} \cdot \frac{1}{s} - 1 \cdot \frac{1}{s+1} + \frac{1}{2} \cdot \frac{1}{s+2} \tag{3.37}$$

式 (3.37) についてラプラス変換表 3.1 を用いてラプラス逆変換を行う と, 以下を得る.

$$y(t) = \mathcal{L}^{-1}\left[Y(s)\right] = \frac{1}{2} - \mathrm{e}^{-t} + \frac{1}{2}\mathrm{e}^{-2t} \tag{3.38}$$

□

3.3 伝達関数とは

ある要素の出力は, その要素の性質と入力によって定まるが, 入力信号が 変わっても, 入力信号と出力信号の関係を一義的に表現できる方法があれば さらに都合がよい. 本節では, 入出力信号の関係を一義的に表現できる伝達 関数について説明する. 伝達関数は, システムへの入力を出力に変換する関 数であり, すべての初期値を 0 とおいたときの制御系の出力と入力のラプラ ス変換の比で表される.

動的システムを伝達関数で表現した利点は以下の通りに整理される.

◆ 2 つの伝達関数の加減乗除算が自由に行える.
◆ さまざまな演算とブロック線図の構図が対応できる.

まず, 式 (2.14) と式 (2.24) の微分方程式をラプラス変換した式で, 直感的 に整理しておこう. $\frac{\mathrm{d}x(t)}{\mathrm{d}t} = \dot{x}(t)$, $\frac{\mathrm{d}^2x(t)}{\mathrm{d}t^2} = \ddot{x}(t)$, $\frac{\mathrm{d}\theta(t)}{\mathrm{d}t} = \omega(t)$, $\frac{\mathrm{d}^2\theta(t)}{\mathrm{d}t^2} = \dot{\omega}(t)$, $K_\tau = 0$ とおき, それぞれを書き換えると以下の通りとなる.

$$M\ddot{x}(t) + D\dot{x}(t) + Kx(t) = f(t) \tag{3.39}$$

$$J\dot{\omega}(t) + B\omega(t) = \tau(t) \tag{3.40}$$

第 3 章 ◆ ラプラス変換と伝達関数

式 (3.39) は，物体に加える力 $f(t)$ を入力，力 $f(t)$ により物体が動く変位 $x(t)$ を出力とすると，入力によって物体の動きを制御する数学モデルと考えることができる．制御対象は物体となる．式 (3.40) は，電機子コイルに作用するトルク $\tau(t)$ を入力，回転角速度 $\omega(t)$ を出力とすると，式 (3.39) と同様の数学モデルとなる．制御対象は電機子コイルである．

式 (3.39) と式 (3.40) の両方について，すべての初期値を 0 としてラプラス変換すると（式 (3.14) のラプラス変換の線形性），

$$Ms^2X(s) + DsX(s) + KX(s) = F(s) \tag{3.41}$$

$$Js\omega(s) + B\omega(s) = \tau(s) \tag{3.42}$$

となる[*5]．式 (3.41), (3.42) を $X(s)$, $\omega(s)$ でまとめると，

$$X(s) = \frac{1}{Ms^2 + Ds + K}F(s) \tag{3.43}$$

$$\omega(s) = \frac{1}{Js + B}\tau(s) \tag{3.44}$$

となり，式 (3.43) において，入力 $F(s)$ に $\dfrac{1}{Ms^2 + Ds + K}$ をかけたものが出力 $X(s)$ となることが明らかとなった．式 (3.44) でも同様に，入力 $\tau(s)$ に $\dfrac{1}{Js + B}$ をかけたものが出力 $\omega(s)$ となる．これらの $\dfrac{1}{Ms^2 + Ds + K}$, $\dfrac{1}{Js + B}$ を伝達関数とよぶ．伝達関数を整理すると，微分方程式がラプラス変換によって，その階数に対応した分数式に変換されることがわかる．なお，分母が s の 1 次多項式なら 1 次遅れ系，2 次多項式なら 2 次遅れ系とよんでいる．これらについては，5 章で詳しく述べる．

3.4 伝達関数とブロック線図

伝達関数を可視化する方法としてブロック線図が考案されている．これは，ラプラス変換を施した後の各変数間の関係を「四角形」のブロックと信号を表す「矢印」を用いて表した線図のことである．

[*5] ギリシャ文字を変数にしたときは，小文字のままにして扱うことが多い．

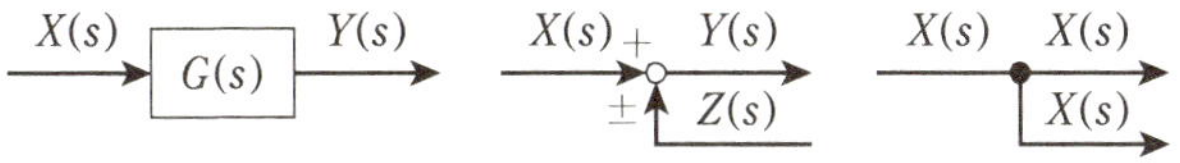

$Y(s) = G(s)X(s)$ $Y(s) = X(s) \pm Z(s)$

(a)　伝達要素　　　　(b)　加え合わせ点　　　(c)　引き出し点

図 3.5　ブロック線図の基本部品

　ブロック線図の基本要素について説明する．ブロック線図は図 3.5 に示す通り，(a) 伝達要素，(b) 信号の加え合わせ点○，(c) 信号の引き出し点●の3つの部品から構成される．ブロック線図の特徴は，システムが「四角形」，信号の伝達の方向が「矢印」で示されていることであり，これは信号が矢印の一方向にのみ伝達されることを意味し，後ろ方向には何ら影響を与えないものと解釈される．

———— ブロック線図のポイント ————

・各部品の入出力関係は図 3.5 中に示す式の通りである．
・伝達要素は入力を伝達関数 $G(s)$ により出力に変換する機能をもつ．
・加え合わせ点○は図中に示した符号 $\pm$ に応じて信号 $X(s)$，$Z(s)$ の加減算が実行される．一方，引き出し点●は，同じ信号 $X(s)$ がブロックや加え合わせ点に供給される．
・信号の大きさは，加え合わせや引き出しによって増減することはない．

3.5　なぜ伝達関数からブロック線図なのか

　伝達関数により，入力と出力との数式的な関係性を知ることができるようになった．しかし，伝達関数が複数存在したままでは，特性を理解することは容易ではない．また，等式のままで入出力関係を把握することは難しい．そこで登場するのがブロック線図である．それでは，直流モータサーボシステム（以下，DC サーボシステムとよぶ）の数学モデルを例にとり，ブロック線図の利点について説明する．

3.5.1 DCサーボシステムの伝達関数を学ぶ意義

一般的なモータの構造は以下の通りである.

- ◆ 電機子コイルに電流を流し,それを固定子(コイルを取り囲む部分で磁石)が発生する磁界の中に入れておく.
- ◆ フレミングの左手の法則に基づき,コイルに流れる電流(中指),電磁力(人差し指)が電機子コイルを回転させ,その回転力(トルク:親指)を得る.

DCサーボシステムを通して伝達関数を学ぶ理由は,もう1つある.DCサーボシステムは,電機子コイルが印加電圧によって電流を発生させる電気回路(電気系モデル)と,機械的構造によって電機子コイルが発生した電流による回転運動(機械系モデル)の2つのモデルを合わせて学ぶことができるからである.すなわち,電気系と機械系が複合したシステムとなっている(**図3.6**).しかし,伝達関数を介すれば,難しそうな複合的な動的システムも統一して取り扱うことが可能である.すなわち,制御対象が電気系や機械系など異なる分野の部品から構成されていても,数学モデルにすればその境を何ら意識する必要がないのである.

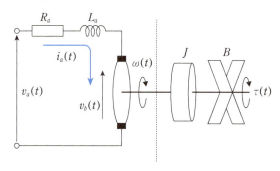

図3.6 DCサーボシステムの電気–機械複合等価回路

3.5.2 DCサーボシステムの数学モデル

それでは,ブロック線図化までをDCサーボシステムを用いて考えてみよう.

DC サーボシステムの概要

以下に，DC サーボシステムの概要を整理しよう．

(1) 図 3.6 は DC サーボシステムの等価回路である．DC モータを用いた回転角速度 $\omega(t)$ を自在に変化させる装置で，ロボットアームの関節をはじめとする多くの産業機器に応用されている．

(2) この DC サーボシステムは，DC モータの電気系システムと回転運動系の複合システムである．ここで，

◆ R_a, L_a は DC モータの電機子の抵抗とインダクタンス
◆ $v_a(t), i_a(t)$ は電機子への印加電圧と電流
◆ $v_b(t)$ はモータの逆起電力
◆ $\tau(t), \omega(t)$ はモータの発生トルクと回転角速度

である．

(3) このシステムは印加電圧 $v_a(t)$ を入力，軸の回転角速度 $\omega(t)$ を出力とする動的システムである．

a) 機械系サブシステム

電機子コイルの回転に関する運動方程式は，つぎの2つの方程式で表される．

$$\omega(t) = \frac{\mathrm{d}\theta(t)}{\mathrm{d}t}, \qquad J\frac{\mathrm{d}\omega(t)}{\mathrm{d}t} + B\omega(t) = \tau(t) \tag{3.45}$$

ここで，トルクを $\tau(t)$，慣性モーメントを J，粘性抵抗係数を B とする．また，ねじりばねはないので，$K_\tau = 0$ である．

b) 電気系サブシステム

DC サーボシステムの電気回路は，RL 直列回路と等価であり，つぎの運動方程式で表される．

$$L_a\frac{\mathrm{d}i_a(t)}{\mathrm{d}t} + R_a i_a(t) = v_a(t) - v_b(t) \tag{3.46}$$

ここで，抵抗を R_a，インダクタンスを L_a，印加電圧を $v_a(t)$，電流を $i_a(t)$ とする．

第3章 ◆ ラプラス変換と伝達関数

c) インターフェイス

機械系と電気系を結びつけるアナロジーでは，発生トルク（機械系）と電流（電気系），および回転角速度（機械系）と逆起電力（電気系）との間に以下の法則が成り立つ.

(1) コイルに流れる電流 $i_a(t)$ により，電機子コイルは回転し，トルク $\tau(t)$ を発生する.

$$\tau(t) = K_\tau i_a(t) \tag{3.47}$$

ここで，K_τ はトルク定数である.

(2) DC モータには回転に応じて逆起電力 $v_b(t)$ が生じ，$v_b(t)$ は式 (3.46) の右辺第1項に相当する入力電圧 $v_a(t)$ と逆向きの電圧となる[6].

$$v_b(t) = K_b \omega(t) \tag{3.48}$$

$$\omega(t) = \frac{\mathrm{d}\theta(t)}{\mathrm{d}t} \tag{3.49}$$

ここで，K_b は逆起電力定数，$\omega(t)$ は電機子コイルの回転角速度，$\theta(t)$ は電機子コイルの回転角度である.

以上をもとに印加電圧 $v_a(t)$ を入力，回転角速度 $\omega(t)$ を出力とする複合システムの入出力関係を求める. そのために，これらの両辺をすべての初期値を 0 としてそれぞれラプラス変換すると，つぎで表される.

$$I_a(s) = \frac{1}{L_a s + R_a}(V_a(s) - V_b(s)) \tag{3.50}$$

$$V_b(s) = K_b \omega(s) \tag{3.51}$$

$$\omega(s) = s\theta(s) \tag{3.52}$$

$$\tau(s) = K_\tau I_a(s) \tag{3.53}$$

$$\omega(s) = \frac{1}{Js + B}\tau(s) \tag{3.54}$$

---

[6] $v_b(t)$ は，磁界のコイルが動くことによりフレミングの右手の法則に基づいて発生する誘導起電力（逆起電力）である.

式 (3.50)〜(3.54) から DC モータの特性を以下に整理する.

◆ 微分方程式で表される関係式は，伝達関数に変換されると，分母が s の多項式となる（式 (3.50), (3.54)）.

◆ $\omega(s)$ と $V_b(s)$, $\tau(s)$ と $I_a(s)$ がそれぞれ比例関係となる（式 (3.51), (3.53)）.

◆ $\omega(s)$ は $\theta(s)$ を時間微分したものである（式 (3.52)）.

式 (3.54) に式 (3.53) と式 (3.50) を代入して，1 つの等式（代数方程式）で整理するとつぎの式となる.

$$\omega(s) = \frac{1}{Js + B} K_\tau \frac{1}{L_a s + R_a}(V_a(s) - V_b(s)) \tag{3.55}$$

これを見ると，微分方程式同士では不可能だった四則演算がラプラス変換によって可能となっている．とはいえ，まだまだ入出力関係はつかみにくい.

3.6 ブロックの結合と簡単化

入出力関係の理解を助けるために，ブロック線図化について解説する．ブロック線図には 2 つのブロックの結合法として図 3.7 に示す 3 つのケースがある.

3.6.1 直列結合

図 3.7(a) のように 2 つのブロックが直列に結合された場合は，

$$G(s) = \frac{Y(s)}{X(s)} = \left(\frac{Y(s)}{Z(s)}\right)\left(\frac{Z(s)}{X(s)}\right) = A(s)B(s) \tag{3.56}$$

となり，2 つの伝達関数の積になる．$Y(s) = B(s)A(s)X(s)$ または $Y(s) = A(s)B(s)X(s)$ となる．線形システムなので，$A(s)$ と $B(s)$ を入れ替えても問題はない.

3.6.2 並列結合

図 3.7(b) のように 2 つのブロックが並列に結合された場合は，

$$G(s) = \frac{Y(s)}{X(s)} = \frac{A(s)X(s) \pm B(s)X(s)}{X(s)} = A(s) \pm B(s) \tag{3.57}$$

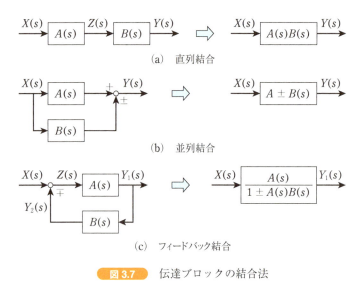

図 3.7　伝達ブロックの結合法

となり，2つの伝達関数の加減算になる．

3.6.3　フィードバック結合

図 3.7(c) の 2 つの伝達関数の結合をフィードバック結合といい，その伝達関数はつぎのようにして求められる．ここで

$$\begin{cases} Y_1(s) = A(s)Z(s) \\ Z(s) = X(s) \mp Y_2(s) = X(s) \mp B(s)Y_1(s) \end{cases} \quad (3.58)$$

より，$Z(s)$ を消去し，$\dfrac{Y_1(s)}{X(s)}$ を求めると，

$$G(s) = \frac{Y_1(s)}{X(s)} = \frac{A(s)}{1 \pm A(s)B(s)} \quad (3.59)$$

となる．式 (3.59) の分母における符号が反転していることに注意が必要である．

このことをもう少し詳しく説明しよう．ここでの眼目は，図を簡単にすること，つまり四角のブロックたった 1 つにすることである．そこで，図 3.8 に

示す単一ブロック $W(s)$ の考え方を利用する．図 3.7(c) の左側に着目し，目標信号 $X(s)$ と出力信号 $Y_1(s)$ との間の中身をすべて単一ブロック $W(s)$ に置き換えてしまおう．図 3.8 の $W(s)$ がその結果であり，この伝達関数を求めようとするならば，$W(s) = \dfrac{Y_1(s)}{X(s)}$ を求めるだけでよい．では，$W(s)$ の中身を 3 段階に分けて式 (3.59) の導出の過程を考えてみよう．ここではネガティヴ（すなわち，$Y_2(s)$ がマイナスで加え合わせ点に戻る）にフィードバックされる場合を考える．

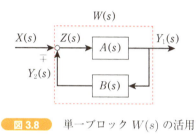

図 3.8 単一ブロック $W(s)$ の活用

(1) $Y_1(s)$ に着目すると，ブロック $A(s)$ の前後で $Y_1(s)$ は $Z(s)$ が $A(s)$ 倍されるので $Y_1(s) = A(s)Z(s)$ となる．
(2) 同様にブロック $B(s)$ の前後で $Y_2(s)$ は $Y_1(s)$ が $B(s)$ 倍されるから $Y_2(s) = B(s)Y_1(s)$ となる．
(3) これに加え合わせ点（白抜き丸○部）の前後での入力信号と出力信号の関係に着目する．すると加え合わせ点の前後では，ネガティヴフィードバック制御系であることを考慮すると，$Z(s) = X(s) - Y_2(s)$ $= X(s) - B(s)Y_1(s)$ となる．

よって，図 3.7(c) の左側は以下の 2 つの式に帰着する．

$$\begin{cases} Y_1(s) = A(s)Z(s) \\ Z(s) = X(s) - B(s)Y_1(s) \end{cases} \tag{3.60}$$

いまやろうとしていることは，図 3.7 (c) を図 3.8 にすると単一ブロック $W(s)$ の中身はどうなるかを知ることであった．よって，式 (3.60) の $Z(s)$ を消去

第 3 章 ◆ ラプラス変換と伝達関数

することにしよう. すなわち,

$$Y_1(s) = A(s)(X(s) - B(s)Y_1(s)) \tag{3.61}$$

$$(1 + A(s)B(s))Y_1(s) = A(s)X(s) \tag{3.62}$$

となる. よって, 単一ブロック $W(s)$ の中身は

$$W(s) = \frac{Y_1(s)}{X(s)} = \frac{A(s)}{1 + A(s)B(s)} \tag{3.63}$$

となる. 以上がブロック線図の簡単化である.

章末問題

3.1 つぎの文章中の空欄を埋めなさい.

問 1 ラプラス変換により,（　　　　　　　）は変数 s に関する
（　　　　　　　）となり, 解が格段に求めやすくなる.

問 2 部分分数展開後,（　　　　　　）を用いると部分分数の分子
の未定係数を決定でき,（　　　　　　　）からシステムの解を
求めるための見通しがよくなる.

問 3 ブロック線図は, 要素あるいはシステムの伝達関数を四角形の
（　　　　　　　）の中に書き, 入力信号と出力信号を
（　　　　　　　）で表したものである.

3.2 $f(t) = \mathrm{e}^{-3t}$ をラプラス変換しなさい.

3.3 $f(t) = 2\sin\omega t + \cos\omega t$ をラプラス変換しなさい.

3.4 マス–ばね–ダンパシステム（図 2.9）について, 力 $f(t)$ を入力 $u(t)$,
変位 $y(t)$ を出力 $x(t)$ としたときの伝達関数 $G_1(s)$ を求めなさい.

3.5 RC 直列回路（図 2.10）について各問に答えなさい.

問 1 入力 $u(t) = v_{in}(t)$, 出力 $y(t) = v_{out}(t)$ としたときの伝達関数
$G_2(s)$ を求めなさい.

問 2 入力 $u(t) = v_{in}(t)$, 出力 $y(t) = i(t)$ としたときの伝達関数
$G_3(s)$ を求めなさい.

3.6 図 3.8 のポジティヴフィードバック（$Y_2(s)$ がプラスで加え合わせ点へ
戻る）の場合の $X(s)$ から $Y_1(s)$ までの単一ブロック $W(s)$ を求めな

さい.

3.7 質量 $m[\mathrm{kg}]$ の物体を地上の点 $y_0[\mathrm{m}]$ から鉛直上向きに初速度 $v_0[\mathrm{m/s}]$ で時刻 $t = 0[\mathrm{s}]$ に投げ上げるとき,各問に答えなさい.ただし,鉛直上向きを $y(t)[\mathrm{m}]$ の正方向,空気抵抗は無視し,重力加速度の大きさを $g[\mathrm{m/s^2}]$ とする.

問 1 加速度 $a(t)[\mathrm{m/s^2}]$ を $\dfrac{\mathrm{d}y^2(t)}{\mathrm{d}t^2}$ として,運動方程式を立てなさい.

問 2 速度 $v(t)[\mathrm{m/s}]$ ($\dfrac{\mathrm{d}y(t)}{\mathrm{d}t}$ のこと)を求めなさい.ただし,初速度 $v(0) = v_0[\mathrm{m/s}]$ とする.

問 3 位置 $y(t)[\mathrm{m}]$ を問 2 の結果を利用し,それをラプラス変換を用いて求めなさい.ただし,初期位置 $y(0) = y_0[\mathrm{m}]$ とする.

第4章 動的システムの時間応答

動的システムに入力 $u(t)$ を加えたとき，出力 $y(t)$ は時間とともに変化する．この時間変化の様子を時間応答とよぶ．時間応答を見極めることが，制御工学では重要である．$u(t)$ から $y(t)$ を求めるには，2つの方法がある．その1つは，実システムに実入力を加え，その出力応答を実験的に観察する方法であり，もう1つは，数学モデルをもとに $y(t)$ を計算で求める方法である．後者は，さまざまな入力に対する時間応答を容易に求めることができ，コストもかからず，危険もともなわないというメリットがある．よって，正確な数学モデルで実システムの挙動を十分反映できれば，精度の高い応答を求めることができる．システムの特性を調べるために用いられる信号がインパルス信号とステップ信号である．本章では，それら信号の応答であるインパルス応答およびステップ応答について解説する．

4.1 インパルス入力のイメージ

たとえば，壁に釘を打つとき，壁の裏に木枠がないと釘はしっかり留まらない．そこで，木槌で叩いたときの音や手応えで，壁裏の状態を推定する．また，電車のレールや車輪は，ハンマーで叩いたときの音で内部の亀裂などを調べる．私達は数学的に厳密なインパルス入力を実現することはできないが，経験的には擬似的なインパルス入力を利用することがある．たとえば，スイカが熟しているかどうか判断するときに図 4.1 に示される通り，軽く叩くことがある．もちろん，スイカを切ってみるのが一番確実な方法だが，切ってしまうと商品価値が低くなってしまいかねない．切ることなく叩く，すなわち，インパルス入力を与えることで，その応答からスイカの特性（熟し具合）を推定している．これはまさしく，インパルス応答でシステムの応答特性が表現されることに通じるものではないだろうか．

4.2 インパルス応答

ここでは，後述する式 (4.2) のデルタ関数の考え方に至るまでを順序立てて

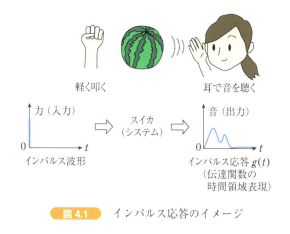

図 4.1 インパルス応答のイメージ

詳しく説明する．最初に図 4.2 の左端を見てほしい．信号 $u_r(t)$ は，$h = \dfrac{1}{w}$ の大きさが $t = 0$ から $t = w$ (> 0) まで続き，その後は $u_r(t) = 0$ となる．これを数式で表すと以下の通りとなる．

$$u_r(t) = \begin{cases} h = \dfrac{1}{w} & (0 \leq t \leq w) \\ 0 & (t > w) \end{cases} \tag{4.1}$$

ここで，信号の高さ $h = \dfrac{1}{w}$ と信号の幅 w は反比例の関係にあるので，その積は常に 1 となり，斜線部の面積 S に相当する．続いて，図 4.2 の中央を見てほしい．信号の幅 w をどんどん小さくすると，面積 $S = 1$ を保つためには，信号の高さ $h = \dfrac{1}{w}$ もどんどん大きくなる．最後に，図 4.2 の右端を見てほしい．結果的に，単位インパルス入力 $u_r(t)$ とは，無限小の幅（$w \to 0$）で無限の高さ（$h = \dfrac{1}{w} \to \infty$）をもつ面積が 1 の入力と考えられる．言い換えると，単位インパルス入力とは，任意の入力 $u_r(t)$ に対する線形システムの応答 $y(t)$ を求める際に，幅 w (> 0)，高さ $h = \dfrac{1}{w}$ の面積が 1 の基準入力に対して，$w \to 0$ の極限をとった信号（面積が 1 であるので単位という名称をつける）を入力とすることである．そして，その応答をインパルス応答と

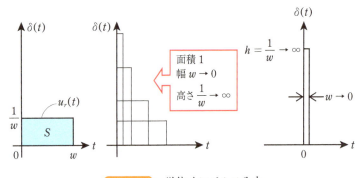

図 4.2 単位インパルス入力

よぶ．このインパルス信号はデルタ関数とよばれ，式 (4.2) で表される．

$$\delta(t) = \begin{cases} \infty & (t = 0) \\ 0 & (t \neq 0) \end{cases} \tag{4.2}$$

デルタ関数に関する定積分の公式を以下に示しておく．

$$\int_{-\infty}^{\infty} \delta(t) \mathrm{d}t = 1 \tag{4.3}$$

$$\int_{-\infty}^{\infty} g(t)\delta(t) \mathrm{d}t = g(0) \quad (g(t) \text{ は任意の連続関数}) \tag{4.4}$$

つぎに，インパルス応答が 2 つの異なるアプローチで求められることを知るために，例題を解いてみよう．

例題 4.1

式 (4.2) のインパルス信号の数式表現を用い，

$$\frac{\mathrm{d}y(t)}{\mathrm{d}t} + ay(t) = bu(t) \tag{4.5}$$

の入力信号 $u(t) = \delta(t)$ に対するインパルス応答 $y(t)$ を求めなさい．

解答

はじめに，積の微分公式を用いるために，式 (4.5) の両辺に指数関数 e^{at} をかけると，

$$e^{at}\frac{\mathrm{d}y(t)}{\mathrm{d}t} + e^{at}ay(t) = e^{at}bu(t) \tag{4.6}$$

となる．式 (4.6) の左辺と積の微分公式

$$\frac{\mathrm{d}}{\mathrm{d}t}(p(t)q(t)) = \dot{p}(t)q(t) + p(t)\dot{q}(t) \tag{4.7}$$

を見比べると，$p(t) = e^{at}$，$q(t) = y(t)$ に対応するものとみなせる．$\dfrac{\mathrm{d}e^{at}}{\mathrm{d}t} = ae^{at}$ であるから，式 (4.6) の左辺は，

$$e^{at}\frac{\mathrm{d}y(t)}{\mathrm{d}t} + e^{at}ay(t) = \underbrace{e^{at}}_{p(t)}\underbrace{\frac{\mathrm{d}y(t)}{\mathrm{d}t}}_{\dot{q}(t)} + \underbrace{\frac{\mathrm{d}e^{at}}{\mathrm{d}t}}_{\dot{p}(t)}\underbrace{y(t)}_{q(t)} = \frac{\mathrm{d}}{\mathrm{d}t}\underbrace{(e^{at}y(t))}_{p(t)q(t)} \tag{4.8}$$

となる．式 (4.6) と式 (4.8) から得られた式 (4.9) を 0 から t で積分すると，

$$\frac{\mathrm{d}}{\mathrm{d}t}(e^{at}y(t)) = e^{at}bu(t) \tag{4.9}$$

$$e^{at}y(t) = \int_0^t e^{a\tau}bu(\tau)\mathrm{d}\tau + C \tag{4.10}$$

となる．ここで C は積分定数である．さらに，式 (4.10) の両辺に e^{-at} をかけると，$y(t)$ は以下となる[*1]．

$$y(t) = e^{-at}\left\{\int_0^t e^{a\tau}bu(\tau)\mathrm{d}\tau + C\right\} = \int_0^t e^{-a(t-\tau)}bu(\tau)\mathrm{d}\tau + e^{-at}C \tag{4.11}$$

いま，初期条件 $(t = 0)$ で $y(0) = 0$ とすると $C = 0$ となり，入力 $u(t)$ に対する $y(t)$ は，

$$y(t) = \int_0^t e^{-a(t-\tau)}bu(\tau)\mathrm{d}\tau \tag{4.12}$$

となる．ここで，入力 $u(t)$ をインパルス信号 $\delta(t)$ としたときの応答は，

$$y(t) = \int_0^t e^{-a(t-\tau)}b\delta(\tau)\mathrm{d}\tau \tag{4.13}$$

[*1]　ここで得られた解 $y(t)$ の第 1 項は入力を特定していない応答であり，入力応答とよばれる．

第 4 章 ◆ 動的システムの時間応答

となる．ここで式 (4.4) を用いると，式 (4.5) のシステムのインパルス
応答 $y(t)$ は，

$$y(t) = \int_0^t e^{-a(t-\tau)} b\delta(\tau)\mathrm{d}\tau = e^{-a(t-0)} b = e^{-at} b = b e^{-at} \quad (4.14)$$

となる． □

例題 4.2
ラプラス変換を用いて

$$\frac{\mathrm{d}y(t)}{\mathrm{d}t} + ay(t) = bu(t) \quad (4.15)$$

のインパルス応答を求めなさい[*2].

解答

ここからが，筆者がもっとも皆さんに伝えたい内容である．それは，微
分方程式ではなく，伝達関数を用いてインパルス応答を求めることの簡
便性と利便性である．では，はじめよう．ここで，以下のラプラス変換
を適用させる．

$$\begin{cases} U(s) = \mathcal{L}\left[u(t)\right] \\ Y(s) = \mathcal{L}\left[y(t)\right] \end{cases} \quad (4.16)$$

続いて，式 (4.15) の両辺について，初期値をすべて 0 としてラプラス
変換すると，以下となる．

$$(s+a)Y(s) = bU(s) \quad (4.17)$$

$U(s)$ を入力，$Y(s)$ を出力とすると，以下が成り立つ．

$$Y(s) = G(s)U(s), \quad G(s) = \frac{b}{s+a} \quad (4.18)$$

さて，ここからが肝である．逆ラプラス変換を用いて独立変数 s の関数

[*2] 式 (4.15) における各変数・定数は，3.5.2 節の直流モータを用いた RL 回路（式 (3.46)）
では $u(t) = v_a(t) - v_b(t)$, $y(t) = i_a(t)$, $a = \dfrac{R_a}{L_a}$, $b = \dfrac{1}{L_a}$ である．

を時間変数 t の関数に戻す．具体的な操作は，以下の通りである．

$$y(t) = \mathcal{L}^{-1}[Y(s)] = \mathcal{L}^{-1}[G(s)U(s)] \tag{4.19}$$

インパルス信号のラプラス変換は，ラプラス変換表 3.1 を見ると，$U(s) = \mathcal{L}^{-1}[\delta(t)] = 1$ となる．したがって，式 (4.19) の $y(t)$ は

$$y(t) = \mathcal{L}^{-1}[G(s)U(s)] = \mathcal{L}^{-1}\left[\frac{b}{s+a} \times 1\right] = b\mathcal{L}^{-1}\left[\frac{1}{s+a}\right] = be^{-at} \tag{4.20}$$

となる．これは式 (4.14) とまったく同じであり，伝達関数を逆ラプラス変換する解法の利便性が十分に理解されよう．あわせて，システムの入力応答がラプラス変換より簡単に得られることが，システムを伝達関数で表現する利点であるともいえる． □

4.3 単位ステップ入力とは

図 4.3 は，単位ステップ入力を示している．$u_s(t)$ は，高さ 1 の階段のような入力である．$u_s(t) = 1\ (t > 0)$ であることに注意すると，単位ステップ信号は，

$$u_s(t) = \begin{cases} 1 & (t \geq 0) \\ 0 & (t < 0) \end{cases} \tag{4.21}$$

となる．

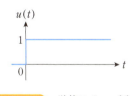

図 4.3　単位ステップ入力

4.4 単位ステップ応答

単位ステップ信号を入力としたシステムの応答が単位ステップ応答である．初期条件 $(t = 0)$ で $y(0) = 0$ とすると，式 (4.12) において $u(t) = u_s(t) = 1$

第 4 章 ◆ 動的システムの時間応答

となるので, 単位ステップ応答は以下に表される.

$$y(t) = \int_0^t \mathrm{e}^{-a(t-\tau)} b \times u_s(\tau) \mathrm{d}\tau = \frac{b}{a}(1 - \mathrm{e}^{-at}) \tag{4.22}$$

それでは, 例題において伝達関数から部分分数展開を用いて単位ステップ応答を求めよう.

例題 4.3

式 (4.19) の入力信号を単位ステップ入力とすると $(U(s) = \mathcal{L}[u_s(t)] = \frac{1}{s})$,

$$y(t) = \mathcal{L}^{-1}\left[G(s) \times \frac{1}{s}\right] = \mathcal{L}^{-1}\left[\frac{b}{s(s+a)}\right] \tag{4.23}$$

となる. 逆ラプラス変換を用いて式 (4.23) の単位ステップ応答を求めなさい.

解答

ラプラス変換表 3.1 には $\dfrac{b}{s(s+a)}$ が存在しない. したがって, これをそのまま逆ラプラス変換することができない. そこで, 3.2.6 節で述べた部分分数展開を用いて変形しよう. すなわち, 変形の目的は $\dfrac{1}{(s+a)}$ や $\dfrac{1}{s}$ に分解し, それらから逆ラプラス変換にて容易に単位ステップ応答を求めることである. では, はじめよう. ここでも, 3.2.6 節で述べた留数 (ヘビサイドの展開定理) の考え方を用いる. まず,

$$\frac{1}{s(s+a)} = \frac{\alpha}{s} + \frac{\beta}{s+a} \tag{4.24}$$

のように未定係数 α, β を用いて分解する. そして, 左辺と右辺を入れ替える. すなわち, 以下となる.

$$\frac{\alpha}{s} + \frac{\beta}{s+a} = \frac{1}{s(s+a)} \tag{4.25}$$

(1) まず, α を求める. 式 (4.25) の両辺に未定係数の α の分母多項

50

式 s をかけると，

$$\alpha + \frac{s\beta}{s+a} = \frac{s \times 1}{s(s+a)} = \frac{1}{s+a} \tag{4.26}$$

ここで，式 (4.25) の未定係数 α の分母多項式 s を 0 とする値，すなわち，$s = 0$ を式 (4.26) に代入すると，左辺は α だけが残り，以下を得る．

$$\alpha = \left.\frac{1}{(s+a)}\right|_{s=0} = \frac{1}{(0+a)} = \frac{1}{a} \tag{4.27}$$

(2) つぎに，β を求める．式 (4.25) の両辺に未定係数の β の分母多項式 $s + a$ をかけると，

$$\frac{(s+a)\alpha}{s} + \beta = \frac{(s+a) \times 1}{s(s+a)} = \frac{1}{s} \tag{4.28}$$

ここで，式 (4.25) の未定係数 β の分母多項式 $s + a$ を 0 とする値，すなわち，$s = -a$ を式 (4.28) に代入すると，左辺は β だけが残り，以下を得る．

$$\beta = \left.\frac{1}{s}\right|_{s=-a} = -\frac{1}{a} \tag{4.29}$$

得られた α，β を式 (4.25) の左辺に代入するとつぎのようになる．

$$\frac{1}{a} \times \frac{1}{s} - \frac{1}{a} \times \frac{1}{s+a} = \frac{1}{a}\left(\frac{1}{s} - \frac{1}{s+a}\right) \tag{4.30}$$

ラプラス変換表 3.1 を用いて式 (4.30) をラプラス逆変換すると，単位ステップ応答 $y(t)$ は以下のように求められる．

$$\begin{aligned}
y(t) &= \mathcal{L}^{-1}\left[\frac{b}{s(s+a)}\right] = \mathcal{L}^{-1}\left[\frac{b}{a}\left(\frac{1}{s} - \frac{1}{s+a}\right)\right] \\
&= \frac{b}{a}\left\{\mathcal{L}^{-1}\left[\frac{1}{s} - \frac{1}{s+a}\right]\right\} \\
&= \frac{b}{a}(1 - \mathrm{e}^{-at}) \tag{4.31}
\end{aligned}$$

どうだろう．式 (4.22) と式 (4.31) を見比べてほしい．まったく相違

第 4 章 ◆ 動的システムの時間応答

ない．以上より，システムの伝達関数表現を用いることで，単位ステップ応答が簡単に計算ができることがわかった． □

　以上をまとめると，システムの応答とは，何らかの入力をシステムに加えたときに，入力の時間変化に対して出力の時間変化の様子を表したものといえる．インパルス応答とは，システムに一瞬だけの入力を加えたときの応答のことであり，ステップ応答とは，システムに一定の入力を加えたときの応答のことである．

　例題 4.2，例題 4.3 より，インパルス応答とステップ応答ともに，伝達関数の分母が s についての 1 次式となっていることがわかる．これらをまとめると，

$$G(s) = \frac{b}{s+a} \tag{4.32}$$

と表され，式 (4.32) は 1 次遅れ系の標準形とよばれる．ここで，インパルス応答は $y(t) = be^{-at}$，ステップ応答は $y(t) = \frac{b}{a}(1 - \mathrm{e}^{-at})$ と異なる解になることに注意してほしい．

章末問題

4.1 つぎの文章中の空欄を埋めなさい．

　問 1　システムの応答とは，（　　　　　　　　）をシステムに加えた際に，その（　　　　　　　）に対する（　　　　　　　　）の様子を表したものである．

　問 2　インパルス応答はシステムに（　　　　　　　　）を加えたときの応答のことである．

　問 3　ステップ応答はシステムに（　　　　　　　　）を加えたときの応答のことである．

　問 4　インパルス応答やステップ応答は，ラプラス変換された（　　　　　　　）$G(s)$ と入力信号である（　　　　　　　）や（　　　　　　　）の（　　　　　　　）$U(s)$ との積を（　　　　　　　）（$\mathcal{L}^{-1}[G(s)U(s)]$）することで求められる．

4.2 式 (4.15) の運動方程式の伝達関数が

$$G(s) = \frac{b}{s+a}$$

となることを確かめなさい.

4.3 式 (4.31) の導出に従い，高さ h のステップ信号に対する応答を求めなさい.

4.4 システムの数学モデルが $\dot{y}(t) = -6y(t) + 3u(t), \quad y(0) = 0$ で与えられたとき，各問に答えなさい.

問 **1** 数学モデルの伝達関数 $G(s)$ を求めなさい.

問 **2** 伝達関数 $G(s)$ に関するインパルス応答を求めなさい.

問 **3** 分数式 $\dfrac{3}{s(s+6)}$ について留数（ヘビサイドの展開定理）を用いて，部分分数展開しなさい.

問 **4** 問 3 の結果を利用して単位ステップ応答を求めなさい.

第5章 システムの応答解析

制御工学においては，システムの応答解析を用いて，さまざまな応答特性を調べることができる．一般的には，その振る舞いを区間ごとに分けて論じることが多い．システムの応答を大きく区分けすると2つになる．その1つは観測の始まりからしばらく時間経過を見守った過渡特性とよばれる区間と，もう1つは時間が十分に経過した後，どんな状態に落ち着くかを示す定常特性とよばれる区間である．本章では，これら2つの区間での応答特性について解説する．

5.1 過渡特性と定常特性

一般に，制御対象の時間応答は，立ち上がり時の状態が安定しない過渡応答と，時間が十分経過して状態が安定した定常応答に分けられる．図 5.1 は，その概略を示したものである．時間領域で記述すれば，$t \to \infty$ のときに相当する応答 y_∞ を定常応答とよぶ．図 5.2 は，ある動的システムの単位ステップ応答を示したものである．応答 $y(t)$ はただちに値が定まることなく，振動

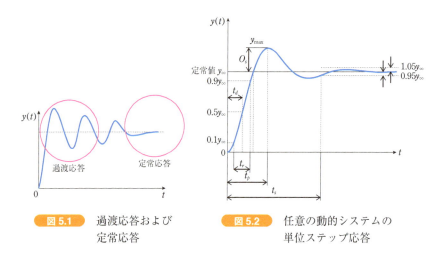

図 5.1 過渡応答および定常応答

図 5.2 任意の動的システムの単位ステップ応答

的に減衰しながらある一定値に収束している．着目すべきポイントは以下の2点である．

◆ システムの応答の初期値 $y(0)$ から定常値までの波形は，システム自体の特性から決定される．これはシステムの過渡特性とよばれる．

◆ システムの応答 $y(t)$ が十分な時間経過した後，定常値に収束するかしないか，またどのような値に収束するかということもシステム自体の特性から決定される．これはシステムの定常特性とよばれる．

システムの定常値は時間が無限に経過（$t \to \infty$）したときの $y(t)$ の極限値 y_∞ で与えられるが，それまで待つことは現実的ではない．しかし，図 5.1 のように，応答が y_∞ 付近に十分に収束しているならば，円で囲んだ部分のように「定常」と見なしてもまったく問題ない．

図 5.2 に示す単位ステップ応答の波形においては，いくつかの指標が定量化されており，制御工学においては慣習的に使用されている．以下，それらについて整理しよう．

◆ 定常値 y_∞：応答 $y(t)$ が最終的に収束する値．一般的に値は 1 には収束しないが，収束するときはその値がシステムの特性に依存する．また一定値に収束せず，逆に発散することもある．

◆ 立ち上がり時間 t_r：応答 $y(t)$ が定常値 y_∞ の 10 %から 90 %に達するまでの時間[*1]．立ち上がり時間 t_r が小さければ初期値 0 から定常値 y_∞ に向かう傾きは大きく，応答 $y(t)$ はより速く定常値に到達する．またその逆も成り立つ．立ち上がり時間 t_r は，システムの速応性を評価する指標として重要である．

◆ 遅れ時間 t_d：応答 $y(t)$ が初期値 0 から定常値 y_∞ の 50 %に達するまでの時間．遅れ時間 t_d は立ち上がり時間 t_r とほぼ同じ指標である．

[*1] 0 %からの計測ではないことに注意しよう．

第 5 章 ◆ システムの応答解析

◆ オーバーシュート（行き過ぎ量）O_s：応答 $y(t)$ の最大値 $y_{\max}$ と定常値 y_∞ の差と，定常値との百分率．

$$O_s = \frac{y_{\max} - y_\infty}{y_\infty} \times 100 \ \% = \frac{M_p}{y_\infty} \times 100 \ \% \tag{5.1}$$

オーバーシュートが大きいと，応答 $y(t)$ が定常値 y_∞ に収束するまでに振動現象が長く続き，定常値に収束するまでに時間がかかる．よって，オーバーシュートはシステムの減衰性を評価する指標として重要である．

◆ 行き過ぎ時間 t_p：初期値 0 から $y(t) = y_{\max}$ に達するまでの時間．すべてのシステムにおいてオーバーシュートが発生するわけではないので，行き過ぎ時間が存在しないこともあることを知っておこう．

◆ 整定時間 t_s：応答 $y(t)$ が定常値 y_∞ の $\pm 5 \ \%$ 以内（$0.95 y_\infty \leq y(t) \leq 1.05 y_\infty$）の振れ幅に収まり，この振れ幅からはみ出さなくなる時間[*2]．整定時間は，速応性と減衰性の両方に関連した指標である．たとえば，図 5.3 のようなオーバーシュートが生じないシステムでは，速応性が低ければ応答は遅く，整定時間も遅い．また，図 5.4 のような速応性が高くてもオーバーシュートの過大なシステムでは，振動が収まりにくく整定時間が遅い．なお，ここで $y_a(t), y_b(t), y_c(t)$ の整定時間をそれぞれ t_{sa}, t_{sb}, t_{sc} として表す．

[*2] ただし，応答が振動するかしないかは問われない．

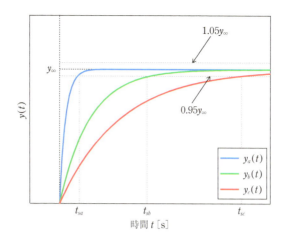

図 5.3　オーバーシュートがない単位ステップ応答（速応性と整定時間）

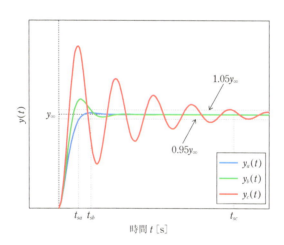

図 5.4　オーバーシュートがある単位ステップ応答（減衰性と整定時間）

5.2　1次遅れ系の応答

　ここでは，1次遅れ系に対するインパルス応答と単位ステップ応答について，それぞれ計算する．簡単のために，1次遅れ系の伝達関数を以下とする．

第 5 章 ◆ システムの応答解析

$$G(s) = \frac{b}{s+a} = \frac{K}{Ts+1}, \quad \left(T = \frac{1}{a} > 0, \quad K = \frac{b}{a} > 0\right) \quad (5.2)$$

5.2.1 システムの応答を求める手順

システムの応答を求める手順は，システムの数学モデルが伝達関数 $G(s)$ の形で与えられていれば，以下の通りとなる．

(1) ラプラス変換表から，入力信号 $\mathcal{L}[u(t)] = U(s)$ を求め，伝達関数 $G(s)$ と入力信号 $U(s)$ との積 $Y(s) = G(s)U(s)$ から出力信号 $Y(s)$ を求める．

(2) ここで，インパルス応答を求めるならば，インパルス入力信号 $\mathcal{L}[\delta(t)] = U(s) = 1$ を用い，単位ステップ応答を求めるならば，単位ステップ入力信号は，$\mathcal{L}[u_s(t)] = U(s) = \dfrac{1}{s}$ を用いる．

(3) $G(s)U(s)$ の逆ラプラス変換を計算する．すなわち $y(t) = \mathcal{L}^{-1}[G(s)U(s)]$ を求める．ここで，もう一度念押しするが，インパルス応答を求めるならば，$y(t) = \mathcal{L}^{-1}[G(s) \times 1]$ となり，単位ステップ応答を求めるならば，$y(t) = \mathcal{L}^{-1}\left[G(s) \times \dfrac{1}{s}\right]$ となる．

(4) $G(s)U(s)$ を求める際，ラプラス変換表を用いて逆ラプラス変換を行い $y(t)$ を求めるが，変換の対応関係がラプラス変換表に見当たらない場合がある．そのときは，$G(s)U(s)$ を部分分数展開を用いて，ラプラス変換表に存在する式の形式に変形する．

(5) 1 次遅れ系の分母多項式の s の係数部分が，「1」（「正規化」とよぶ．）となるように変形するが，この目的は，ラプラス変換表との対応づけをしやすくするためである．

5.2.2 1 次遅れ系のインパルス応答

インパルス信号 $u_r(t) = \delta(t)$ のラプラス変換は $\mathcal{L}^{-1}[u_r(t)] = U(s) = 1$ である．よって，1 次遅れ系の式 (5.2) のインパルス応答は以下の手順で求められる．

$$y(t) = \mathcal{L}^{-1}[G(s)U(s)] = \mathcal{L}^{-1}[G(s) \times 1] = \mathcal{L}^{-1}\left[\frac{K}{Ts+1}\right]$$

$$= \mathcal{L}^{-1}\left[\frac{\frac{K}{T}}{s+\frac{1}{T}}\right] = \frac{K}{T}\mathcal{L}^{-1}\left[\frac{1}{s+\frac{1}{T}}\right] = \frac{K}{T}e^{-\frac{1}{T}t} \tag{5.3}$$

ここでは，逆ラプラス変換の計算としてラプラス変換表の $\mathcal{L}^{-1}\left[\dfrac{1}{s+a}\right] = e^{-at}$ を利用することができる．式 (5.3) より以下のことがわかる．

- ◆ 指数関数の性質より，$y(t)$ の初期値 ($t=0$) は $y(0) = \dfrac{K}{T}$ となる．
- ◆ $T > 0$ であるので，指数関数のべき指数の部分 $-\dfrac{1}{T}t$ は必ず負の値となる．
- ◆ 時間 t の経過とともに，応答 $y(t)$ は初期値から値が減少し，$\lim\limits_{t \to 0} y(t) = 0$ となる．

5.2.3 1次遅れ系のインパルス応答の特徴

ここでは，式 (5.3) のもつ性質について，図 5.5 を参照しながら整理しよう．まず，T (> 0) の値の違いが，インパルス応答にどのように影響するのかを考えてみよう．ここでは $K = T$ とすることで，T が変わっても初期

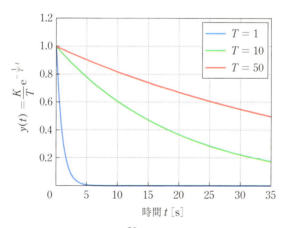

図 5.5 1次遅れ系 $\dfrac{K}{Ts+1}$ のインパルス応答 ($K = T$)

第 5 章 ◆ システムの応答解析

値が常に $y(0) = 1$ となるように工夫する．そうすると，インパルス応答は $y(t) = \mathrm{e}^{-\frac{1}{T}t}$ となり，この結果と e^{at} とを見比べると，$a = -\dfrac{1}{T}$ となる．図 5.5 はインパルス応答 $y(t) = \mathrm{e}^{-\frac{1}{T}t}$ を表し，$T\ (>0)$ が大きくなるほど，$y(t)$ が 0 に収束するための時間を多く要している．

5.2.4　1 次遅れ系の単位ステップ応答

単位ステップ信号 $u_s(t) = 1$ のラプラス変換は $\mathcal{L}^{-1}[u_s(t)] = U(s) = \dfrac{1}{s}$ である．よって，1 次遅れ系の式 (5.2) の単位ステップ応答は以下の手順で求められる．

$$
\begin{aligned}
y(t) &= \mathcal{L}^{-1}[G(s)U(s)] = \mathcal{L}^{-1}\left[G(s) \times \frac{1}{s}\right] = \mathcal{L}^{-1}\left[\frac{K}{s(Ts+1)}\right] \\
&= K\mathcal{L}^{-1}\left[\frac{1}{s(Ts+1)}\right]
\end{aligned}
\tag{5.4}
$$

しかし，ここで残念なことに，式 (5.4) の $\mathcal{L}^{-1}[\ \ ]$ 中の $\dfrac{1}{s(Ts+1)}$ はラプラス変換表には存在しない形式となっている．そのため，3 章と同様に部分分数展開してみると，単位ステップ応答は以下の通りとなる．

$$
\begin{aligned}
y(t) &= K\mathcal{L}^{-1}\left[\frac{1}{s(Ts+1)}\right] = K\mathcal{L}^{-1}\left[\frac{1}{s} - \frac{T}{Ts+1}\right] \\
&= K\left\{\mathcal{L}^{-1}\left[\frac{1}{s}\right] - \mathcal{L}^{-1}\left[\frac{T}{Ts+1}\right]\right\} \\
&= K\left\{\mathcal{L}^{-1}\left[\frac{1}{s}\right] - \mathcal{L}^{-1}\left[\frac{1}{s + \dfrac{1}{T}}\right]\right\} = K\left(1 - \mathrm{e}^{-\frac{1}{T}t}\right)
\end{aligned}
\tag{5.5}
$$

式 (5.5) の最後の等式の右辺カッコ内は，

$$
1 - \mathrm{e}^{-\frac{1}{T}t}
\tag{5.6}
$$

となっている．式 (5.6) の特徴は，時間 t とともに変化するのは $\mathrm{e}^{-\frac{1}{T}t}$ の部分のみであり，1 次遅れ系のインパルス応答（式 (5.3)）において $K = T$ としたものを，「1」から引いている形となっている．式 (5.5) より以下のことが

60

わかる．

- ◆ 指数関数の性質より，$e^{-\frac{1}{T}t}$ の初期値は 1 であるので，単位ステップ応答の初期値は $y(0) = 0$ となる．
- ◆ $T > 0$ であるので，指数関数のべき指数の部分 $-\frac{1}{T}t$ は必ず負の値となる．
- ◆ 時間 t の経過とともに，$-\frac{1}{T}t$ の値は 0 に収束するので式 (5.6) は 1 に収束する．よって，単位ステップ応答の式 (5.5) は K に収束する．

5.2.5　1 次遅れ系の単位ステップ応答の特徴

ここでは，式 (5.5) のもつ性質について，図 5.6 を参照しながら整理しよう．インパルス応答のときと同様に，$K = 1$ に固定して T を変化させたときの単位ステップ応答を調べてみよう．T の値を 1, 5, 10 と変えることは，$e^{-\frac{1}{T}t}$ の値，すなわちインパルス応答の変化そのものである．図 5.5 では T が大きくなるほど $y(t)$ が 0 に収束するための時間を要していたことを考えると，式 (5.6) では 1 に収束するまでに時間が長くなることを意味する．

図 5.6 は以下の事柄を示しているので，その振る舞いをもう一度確認してほしい．

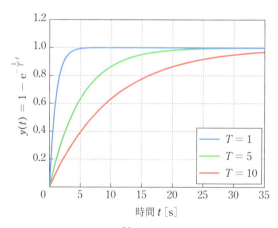

図 5.6　1 次遅れ系 $\dfrac{K}{Ts+1}$ の単位ステップ応答（$K = 1$）

第 5 章 ◆ システムの応答解析

(1) 1 次遅れ系の単位ステップ信号は，最終的に K に収束するので定常値 $y_\infty = K$ が成り立つ．

(2) T の値が大きくなるにつれて，定常値に収束するのに時間を要する．

5.2.6　1 次遅れ系の応答のまとめ

◆ 1 次遅れ系の伝達関数の標準形は以下の通りである．

$$G(s) = \frac{K}{Ts + 1}$$

◆ インパルス応答

$$y(t) = \frac{K}{T}\mathrm{e}^{-\frac{1}{T}t}$$

◆ 単位ステップ応答

$$y(t) = K(1 - \mathrm{e}^{-\frac{1}{T}t})$$

◆ 今後，伝達関数 $G(s)$ できわめて重要となってくるのが分母 $= 0$ とおいた式であり，これを特性方程式とよぶ．また，特性方程式の解を根とよぶ．特性方程式 $Ts + 1 = 0$ の根は，

$$s = -\frac{1}{T}$$

(1) T が正の実数であれば，0 に収束し，T が大きくなるほど収束するスピードは速くなる．

(2) T が負の実数であれば，無限大に発散する．

　以上をまとめると，1 次遅れ系の動的システムの速応性は，伝達関数の定数 T の値に支配されており，この定数 T は時定数とよばれる．これで，実際のシステムの応答のイメージと 1 次遅れ系の応答が結びつくので，1 次遅れ系の伝達関数の標準形の式 (5.2) のみを考えておけば，さまざまなシステムにも同じ考え方が適用できる．

5.3　2 次遅れ系の応答

　ここで，皆さんの抱きそうな疑問について解説しておこう．それは，図 5.1

の過渡状態に見られた振動現象にいまだ遭遇していないことである．そこで，ここからは2次遅れ系の応答について調べていくこととするが，そこでは一体どのような現象が見られるのだろうか．

5.3.1 2次遅れ系のインパルス応答の計算

2次遅れ系のインパルス応答についてしっかり理解すれば，後に述べる単位ステップ応答はその性質を利用するだけなので恐るるに足りない．

2次遅れ系の伝達関数の標準形は以下で表される．ここで，ζ を減衰比，ω_n を固有角周波数とよぶ．

$$G(s) = \frac{K\omega_n^2}{s^2 + 2\zeta\omega_n s + \omega_n^2} \quad (\zeta > 0,\ \omega_n > 0,\ K : 定数) \qquad (5.7)$$

2次遅れ系では，1次遅れ系と異なり伝達関数 $G(s)$ の分母が s に関して2次多項式となる．一般に，伝達関数の分母は s に関しての多項式となっており，分母多項式とよばれる．本節では，システムの応答が振動的になるとはどういうことなのか，分母多項式が2次多項式であればすべて振動的になるのかについて考える．インパルス応答は1次遅れ系の場合と同様に，伝達関数 $G(s)$ を逆ラプラス変換することで求める．式 (5.7) を以下の通り部分分数展開する．

$$\frac{K\omega_n^2}{s^2 + 2\zeta\omega_n s + \omega_n^2} = \frac{K\omega_n^2}{(s-\alpha)(s-\beta)} = K\left(\frac{k_1}{s-\alpha} + \frac{k_2}{s-\beta}\right) \qquad (5.8)$$

ここで，k_1, k_2 は未定係数である．

式 (5.8) より，$\alpha,\ \beta$ は特性方程式 $s^2 + 2\zeta\omega_n s + \omega_n^2 = 0$（$G(s)$ の「分母多項式=0」）の根であることがわかる．これを解くと，

$$\alpha,\ \beta = -\zeta\omega_n \pm \sqrt{\zeta^2\omega_n^2 - \omega_n^2} = -\zeta\omega_n \pm \sqrt{\zeta^2 - 1}\,\omega_n \qquad (5.9)$$

となる．根 $\alpha,\ \beta$ は，ζ（> 0）の値によって，以下の3つに分類できる．

(1) $0 < \zeta < 1$ の場合：$\alpha,\ \beta$ は共役複素根

(2) $\zeta = 1$ の場合：$\alpha = \beta$ となる重根（実数）

(3) $\zeta > 1$ の場合：$\alpha,\ \beta$ は異なる2つの実数根

第 5 章◆システムの応答解析

したがって，ζ の値に応じて場合分けをして考える必要がある．この (1)〜(3) の場合について，それぞれのインパルス応答を考えよう．

(1) $0 < \zeta < 1$ の場合

平方根内は負の値となるので，式 (5.9) の根は，

$$\alpha, \ \beta = -\zeta\omega_n \pm j\sqrt{1-\zeta^2}\omega_n \tag{5.10}$$

の共役複素数で与えられる．

部分分数展開を用いてインパルス応答を計算することもできるが，ここでは別の方法を紹介しよう．まず，$G(s)$ は以下の通りに変形できる．

$$\begin{aligned}
G(s) &= \frac{K\omega_n^2}{s^2 + 2\zeta\omega_n s + \omega_n^2} \\
&= \frac{K\omega_n^2}{(s+\zeta\omega_n)^2 - \zeta^2\omega_n^2 + \omega_n^2} \\
&= \frac{K\omega_n^2}{(s+\zeta\omega_n)^2 + (1-\zeta^2)\omega_n^2} \\
&= \frac{K\omega_n}{\sqrt{1-\zeta^2}} \frac{\sqrt{1-\zeta^2}\omega_n}{(s+\zeta\omega_n)^2 + (\sqrt{1-\zeta^2}\omega_n)^2}
\end{aligned} \tag{5.11}$$

ラプラス変換表 3.1 $\left(\mathcal{L}[\mathrm{e}^{-at}\sin\omega t] = \dfrac{\omega}{(s+a)^2+\omega^2}\right)$ をじっくり眺めてもらうと，式 (5.11) の最後の変形の意図が理解できるであろう．考え方は，完全平方式のところで述べた通りである．このような数学的操作を制御工学ではたびたび行うので，よく味わってほしい．式 (5.11) を逆ラプラス変換すると，インパルス応答 $y(t)$ は以下で表される．ω および a と対応する箇所を注意深く見比べれば難しいことではない．

$$\begin{aligned}
y(t) &= \mathcal{L}^{-1}\left[\frac{K\omega_n}{\sqrt{1-\zeta^2}} \frac{\sqrt{1-\zeta^2}\omega_n}{(s+\zeta\omega_n)^2 + (\sqrt{1-\zeta^2}\omega_n)^2}\right] \\
&= \frac{K\omega_n}{\sqrt{1-\zeta^2}}\mathrm{e}^{-\zeta\omega_n t}\sin\sqrt{1-\zeta^2}\omega_n t
\end{aligned} \tag{5.12}$$

式 (5.12) の導出を説明すると，以下の通りとなる．

◆ $\dfrac{K\omega_n}{\sqrt{1-\zeta^2}}$ は定数項となり，逆ラプラス変換してもそのままである．

◆ 分母の $(s+\zeta\omega_n)^2$ の項より，逆ラプラス変換すると，$e^{-\zeta\omega_n t}$ となる．

◆ 分子の $\sqrt{1-\zeta^2}\omega_n$ と分母の分子の 2 乗の項 $(\sqrt{1-\zeta^2}\omega_n)^2$ との関係性より，逆ラプラス変換すると，$\sin\sqrt{1-\zeta^2}\omega_n t$ となる．

また，式 (5.10) と式 (5.12) を比較すると，根の実部（$-\zeta\omega_n$）が指数関数のべき指数の部分に，虚部（$\sqrt{1-\zeta^2}\omega_n$）が正弦関数 $\sin$ の角周波数の部分に対応していることがわかる．つまり，関数 $\sin$ の出現は，システムの応答が振動成分をもつことを示唆している．思わず「なるほど！」と両手でひざを打ちたくなるのではないだろうか．この関係をしっかり学んでほしい．

(2) $\zeta = 1$ の場合

伝達関数 $G(s)$ は以下で表される．

$$G(s) = \frac{K\omega_n^2}{s^2 + 2\omega_n s + \omega_n^2} = \frac{K\omega_n^2}{(s+\omega_n)^2} \tag{5.13}$$

ここで，式 (5.9) の根は，$\alpha = \beta = -\omega_n$ の重根で与えられる．ラプラス変換表 3.1 よりインパルス応答 $y(t)$ は以下で表される．

$$y(t) = \mathcal{L}^{-1}\left[\frac{K\omega_n^2}{(s+\omega_n)^2}\right] = K\omega_n^2 t e^{-\omega_n t} \tag{5.14}$$

この場合も，根 $-\omega_n$ が指数関数のべき指数の部分に対応していることがわかる．

(3) $\zeta > 1$ の場合

平方根内は $\zeta^2 - 1 > 0$ となるので，式 (5.9) の根は異なる 2 つの実数根で与えられる．いま，$\alpha = -\zeta\omega_n + \sqrt{\zeta^2-1}\omega_n, \beta = -\zeta\omega_n - \sqrt{\zeta^2-1}\omega_n$ とすると，式 (5.8) は以下で表される．

$$\frac{K\omega_n^2}{s^2 + 2\zeta\omega_n s + \omega_n^2}$$
$$= K\left(\frac{k_1}{s + \zeta\omega_n - \sqrt{\zeta^2-1}\omega_n} + \frac{k_2}{s + \zeta\omega_n + \sqrt{\zeta^2-1}\omega_n}\right)$$

第 5 章 ◆ システムの応答解析

$$
= \frac{K\left\{k_1(s + \zeta\omega_n + \sqrt{\zeta^2-1}\omega_n) + k_2(s + \zeta\omega_n - \sqrt{\zeta^2-1}\omega_n)\right\}}{s^2 + 2\zeta\omega_n s + \omega_n^2}
$$

$$
= \frac{K\left\{(k_1 + k_2)s + k_1(\zeta\omega_n + \sqrt{\zeta^2-1}\omega_n) + k_2(\zeta\omega_n - \sqrt{\zeta^2-1}\omega_n)\right\}}{s^2 + 2\zeta\omega_n s + \omega_n^2}
$$

$$\tag{5.15}$$

これより，未定係数 k_1 と k_2 に関しての連立方程式は

$$
k_1 + k_2 = 0 \tag{5.16}
$$

$$
k_1(\zeta + \sqrt{\zeta^2-1}) + k_2(\zeta - \sqrt{\zeta^2-1}) = \omega_n \tag{5.17}
$$

となり，式 (5.16) と式 (5.17) を解くと，

$$
k_1 = \frac{\omega_n}{2\sqrt{\zeta^2-1}}, \qquad k_2 = -k_1 = -\frac{\omega_n}{2\sqrt{\zeta^2-1}} \tag{5.18}
$$

となる．もちろん，部分分数展開でも求められることはいうまでもない．よって，インパルス応答 $y(t)$ は以下で表される．

$$
y(t) = \frac{K\omega_n}{2\sqrt{\zeta^2-1}}\left\{e^{(-\zeta\omega_n + \sqrt{\zeta^2-1}\omega_n)t} - e^{(-\zeta\omega_n - \sqrt{\zeta^2-1}\omega_n)t}\right\} \tag{5.19}
$$

式 (5.19) においても，根 α, β が指数関数のべき指数の部分に対応していることに注意しよう．

5.3.2　インパルス応答の時間空間における解析

$\zeta > 0$，$\omega_n > 0$ の場合，式 (5.12)，(5.14)，(5.19) のいずれも指数関数のべき指数の部分は負となり，インパルス応答は 0 に収束する．では，パラメータ ζ の違いはインパルス応答にどのように影響を与えるのだろうか．図 **5.7** は，$\omega_n = 1$，$K = 1$ とし，$\zeta = 0.1$（$0 < \zeta < 1$），$\zeta = 1$，$\zeta = 2$（$\zeta > 1$）それぞれの場合のインパルス応答を示したものである．

(1) $0 < \zeta < 1$（不足減衰）の場合

図 5.7 より，$\zeta = 0.1$（青線）のインパルス応答は振動しながら時間経過とともに振幅が減少しており，最終的には 0 に収束することが知られている．

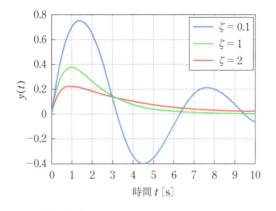

図 5.7 2 次遅れ系のインパルス応答

これは不足減衰とよばれ，式 (5.12) の指数関数のべき指数の部分（根の実部）と正弦関数の角周波数の部分（根の虚部）との積の結果として現れる．虚部が大きくなるとインパルス応答の振動周期が短くなる．

(2) $\zeta = 1$（臨界減衰）の場合

式 (5.14) には，正弦関数のような振動する要素は存在しない．図 5.7 より，$\zeta = 1$（緑線）のインパルス応答はインパルス信号の方向に一度増加し，振動せずに 0 に収束することが知られている．これは $\zeta > 1$ の場合と $0 < \zeta < 1$ の場合との境目に相当すると同時に，応答が振動するかしないかの境目を示すものである．これは臨界減衰とよばれ，式 (5.14) の時間変数 t と指数関数 $\mathrm{e}^{-\omega_n t}$ との積の結果として現れる．

(3) $\zeta > 1$（過減衰）の場合

式 (5.19) の場合も振動しない．図 5.7 から，$\zeta = 2$（赤線）のインパルス応答は臨界減衰（$\zeta = 1$）と似ているが，0 に収束する時間は遅くなっていることがわかる．これは過減衰とよばれ，式 (5.19) のべき指数の部分が負の実数となる指数関数の和の結果として現れる．

5.3.3 インパルス応答に対するパラメータの影響

以下に，2次遅れ系のパラメータ（ω_n と ζ）が変化すると，インパルス応答がどのように変化するかについて考えてみよう．ここでは，どちらか片方のパラメータを固定し，もう片方を変化させる．

◆ 不足減衰（$0 < \zeta < 1$）

図 5.8 は ω_n を固定し ζ を変化させた結果である．ζ を大きくすると，振動周期に差は見られないが，応答が 0 に収束する時間は速くなる．図 5.9 は ζ を固定し ω_n を変化させた結果である．ω_n を大きくすると，応答が 0 に収束する時間が早まり，振動周期も短くなる．

◆ 過減衰（$\zeta > 1$）

図 5.10 は ω_n を固定し ζ を変化させた結果である．ζ を大きくすると，過渡状態の振幅は小さくなるが，応答が 0 に収束する時間は遅くなる．図 5.11 は ζ を固定し ω_n を変化させた結果である．ω_n を大きくすると，過渡状態の振幅は大きくなるが，応答が 0 に収束する時間は早まる．

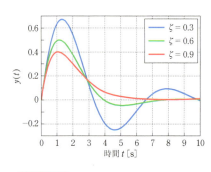

図 5.8　不足減衰時に ζ を変化させたときのインパルス応答（$\omega_n = 1, K = 1$）

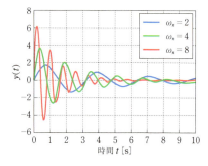

図 5.9　不足減衰時に ω_n を変化させたときのインパルス応答（$\zeta = 0.6, K = 1$）

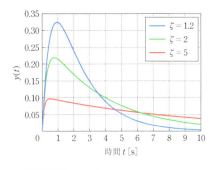

図 5.10 過減衰時に ζ を変化させたときのインパルス応答（$\omega_n = 1, K = 1$）

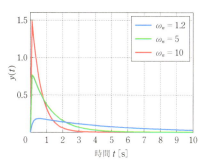

図 5.11 過減衰時に ω_n を変化させたときのインパルス応答（$\zeta = 2, K = 1$）

5.3.4　2次遅れ系の単位ステップ応答の計算

2次遅れ系の単位ステップ応答は，以下の逆ラプラス変換で求める．

$$y(t) = \mathcal{L}^{-1}\left[G(s)\frac{1}{s}\right] = \mathcal{L}^{-1}\left[\frac{K\omega_n^2}{s(s^2 + 2\zeta\omega_n s + \omega_n^2)}\right] \quad (5.20)$$

ラプラス変換表 3.1 には式 (5.20) の最右辺角カッコ内の分数式と同じものは存在しないため，単純には逆ラプラス変換ができない．そこで，以下の通りに部分分数展開する．

$$\frac{K\omega_n^2}{s(s^2 + 2\zeta\omega_n s + \omega_n^2)} = \frac{K\omega_n^2}{s(s-\alpha)(s-\beta)} = K\left(\frac{k_1}{s} + \frac{k_2}{s-\alpha} + \frac{k_3}{s-\beta}\right) \quad (5.21)$$

ここで，k_1, k_2, k_3 は未定係数である．α と β は，インパルス応答の場合と同様に，$\alpha = -\zeta\omega_n + \sqrt{\zeta^2 - 1}\omega_n$，$\beta = -\zeta\omega_n - \sqrt{\zeta^2 - 1}\omega_n$ となる．この部分分数展開によりラプラス変換表 3.1 を用いて，式 (5.21) を逆ラプラス変換すると，単位ステップ応答は以下で表される．

$$y(t) = \mathcal{L}^{-1}\left[K\left(\frac{k_1}{s} + \frac{k_2}{s-\alpha} + \frac{k_3}{s-\beta}\right)\right] = K(k_1 + k_2 e^{\alpha t} + k_3 e^{\beta t}) \quad (5.22)$$

インパルス応答を計算した場合と同様に，ζ の値に応じた場合分けによって，今度は単位ステップ応答を計算してみよう．

第 5 章◆システムの応答解析

(1) $0 < \zeta < 1$（不足減衰）の場合

$\alpha,\ \beta = -\zeta\omega_n \pm j\sqrt{1-\zeta^2}\omega_n$ であり，

$$k_1 = 1, \quad k_2 = -\frac{\zeta + j\sqrt{1-\zeta^2}}{j2\sqrt{1-\zeta^2}}, \quad k_3 = \frac{\zeta - j\sqrt{1-\zeta^2}}{j2\sqrt{1-\zeta^2}} \tag{5.23}$$

となる．式 (5.22) に式 (5.23) を代入すると，単位ステップ応答は以下で表される．

$$y(t) = K\left\{1 - \frac{1}{\sqrt{1-\zeta^2}}\,\mathrm{e}^{-\zeta\omega_n t}\sin(\sqrt{1-\zeta^2}\omega_n t + \phi)\right\},$$

$$\phi = \tan^{-1}\frac{\sqrt{1-\zeta^2}}{\zeta} \quad \left(\because \quad \phi = \tan^{-1}\left|\frac{\alpha,\beta\text{の虚部}}{\alpha,\beta\text{の実部}}\right|\right) \tag{5.24}$$

インパルス応答の場合と同様に，根の実部（$-\zeta\omega_n$）が指数関数のべき指数の部分に対応し，虚部（$\sqrt{1-\zeta^2}\omega_n$）が正弦関数の角周波数の部分に対応していることがわかる．さらに付け加えるならば，式 (5.24) は，定数 1 からインパルス応答の項を差し引いた式となっている．

(2) $\zeta = 1$（臨界減衰）の場合

$\alpha = \beta = -\omega_n$ であり，以下の通りに部分分数展開する．

$$\frac{K\omega_n^2}{s(s^2 + 2\zeta\omega_n s + \omega_n^2)} = \frac{K\omega_n^2}{s(s+\omega_n)^2} = K\left\{\frac{k_1}{s} + \frac{k_2 s + k_3}{(s+\omega_n)^2}\right\} \tag{5.25}$$

インパルス応答の場合と同様の計算により，以下が得られる．

$$k_1 = 1, \quad k_2 = -k_1 = -1, \quad k_3 = -2k_1\omega_n = -2\omega_n \tag{5.26}$$

よって，式 (5.26) を式 (5.25) に代入すると，単位ステップ応答は以下で表される．

$$y(t) = \mathcal{L}^{-1}\left[\frac{K\omega_n^2}{s(s+\omega_n)^2}\right] = K\mathcal{L}^{-1}\left[\frac{1}{s} - \frac{s+2\omega_n}{(s+\omega_n)^2}\right] \tag{5.27}$$

式 (5.27) は，ラプラス変換表 3.1 を活用するための $\dfrac{1}{s}$ と $\dfrac{1}{(s+\omega_n)^2}$ を作り

出すための便宜的な数式変形である．よって，

$$
\begin{aligned}
y(t) &= K\mathcal{L}^{-1}\left[\frac{1}{s} - \frac{(s+\omega_n)+\omega_n}{(s+\omega_n)^2}\right] \\
&= K\mathcal{L}^{-1}\left[\frac{1}{s} - \frac{1}{s+\omega_n} - \frac{\omega_n}{(s+\omega_n)^2}\right]
\end{aligned}
\tag{5.28}
$$

となる．再び，ラプラス変換表 3.1 より

$$
\begin{aligned}
y(t) &= K(1 - e^{-\omega_n t} - \omega_n t e^{-\omega_n t}) \\
&= K\left\{1 - (1+\omega_n t)e^{-\omega_n t}\right\}
\end{aligned}
\tag{5.29}
$$

となる．インパルス応答の場合と同様に，根 $-\omega_n$ が指数関数のべき指数の部分に現れている．

(3) $\zeta > 1$（過減衰）の場合

$\alpha = -\zeta\omega_n + \sqrt{\zeta^2-1}\,\omega_n$，$\beta = -\zeta\omega_n - \sqrt{\zeta^2-1}\,\omega_n$ となる．部分分数展開の形は式 (5.21) と同じで，さらに同様の未定係数の計算を進めると，

$$
k_1 = 1, \quad k_2 = -\frac{\zeta + \sqrt{\zeta^2-1}}{2\sqrt{\zeta^2-1}}, \quad k_3 = \frac{\zeta - \sqrt{\zeta^2-1}}{2\sqrt{\zeta^2-1}}
\tag{5.30}
$$

となる．式 (5.22) に式 (5.30) を代入すると，単位ステップ応答は以下で表される．

$$
\begin{aligned}
y(t) &= K(k_1 + k_2 e^{\alpha t} + k_3 e^{\beta t}) \\
&= K\left\{1 - \frac{\zeta + \sqrt{\zeta^2-1}}{2\sqrt{\zeta^2-1}} e^{(-\zeta\omega_n + \sqrt{\zeta^2-1}\omega_n)t}\right. \\
&\quad \left. + \frac{\zeta - \sqrt{\zeta^2-1}}{2\sqrt{\zeta^2-1}} e^{(-\zeta\omega_n - \sqrt{\zeta^2-1}\omega_n)t}\right\}
\end{aligned}
\tag{5.31}
$$

インパルス応答の場合と同様に，根の $-\zeta\omega_n \pm \sqrt{\zeta^2-1}\,\omega_n$ が指数関数のべき指数の部分に現れている．

5.3.5 単位ステップ応答の時間空間における解析

図 5.12 は，不足減衰（$\zeta = 0.3$）から過減衰（$\zeta = 1.5$）まで 4 段階で示した単位ステップ応答の様子である（ただし，$\omega_n = 1$, $K = 1$）．式 (5.24)，式 (5.27)，式 (5.31) より，インパルス応答と同様に $\zeta > 0$, $\omega_n > 0$ の場合は，指数関数のべき指数の部分は必ず負となり，時間経過とともに指数関数の部分は 0 に近づく．また，単位ステップ応答 $y(t)$ は K（ここでは 1）に収束する．ζ の値による違いは，インパルス応答の場合と同じであるが，注意点を以下にまとめる．

(1) 不足減衰（$0 < \zeta < 1$）の場合は，振動的な応答成分はオーバーシュートとして現れる．
(2) 臨界減衰・過減衰（$\zeta \geq 1$）の場合は，応答に振動的な要素がないためオーバーシュートは生じない．

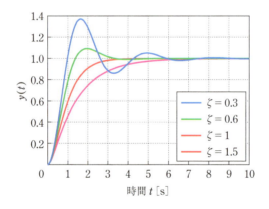

図 5.12 2 次遅れ系の単位ステップ応答（$\omega_n = 1, K = 1$）

5.3.6 単位ステップ応答に対するパラメータの影響

では，2 次遅れ系のパラメータ（ω_n と ζ）が変化すると，単位ステップ応答がどのように変化するのかについて考えてみよう．ここでもインパルス応答の場合と同様に，どちらかのパラメータを固定して，もう片方を変化させる．

◆ 不足減衰（$0 < \zeta < 1$）

図 5.13 は ω_n を固定し ζ を変化させた結果である．ζ が小さいほどオーバーシュートが大きくなり減衰性が低くなる．ζ を大きくすると減衰性は向上し，オーバーシュートは小さくなるとともに，立ち上がり時間が大きくなり，速応性が低下していることがわかる．図 5.14 は ζ を固定し ω_n を変化させた結果である．ω_n を大きくすると速応性が向上している．

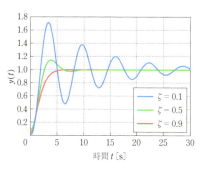

図 5.13　不足減衰時に ζ を変化させたときの単位ステップ応答（$\omega_n = 1, K = 1$）

図 5.14　不足減衰時に ω_n を変化させたときの単位ステップ応答（$\zeta = 0.4, K = 1$）

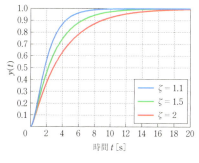
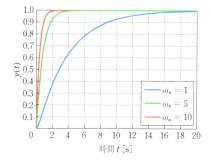

図 5.15　過減衰時に ζ を変化させたときの単位ステップ応答（$\omega_n = 1, K = 1$）

図 5.16　過減衰時に ω_n を変化させたときの単位ステップ応答（$\zeta = 2, K = 1$）

第 5 章 ◆ システムの応答解析

◆ 過減衰（$\zeta > 1$）

図 5.15 は ω_n を固定し ζ を変化させた結果である．ζ を大きくすると速応性が低下している．図 5.16 は ζ を固定し ω_n を変化させた結果である．ω_n を大きくすると速応性が向上している．

5.3.7 2 次遅れ系の応答のまとめ

◆ 2 次遅れ系の伝達関数の標準形は以下の通りである．

$$G(s) = \frac{K\omega_n^2}{s^2 + 2\zeta\omega_n s + \omega_n^2} \quad (\zeta > 0, \omega_n > 0,\ K：定数)$$

◆ 特性方程式 $s^2 + 2\zeta\omega_n s + \omega_n = 0$ の根は，

$$\alpha = -\zeta\omega_n + \sqrt{\zeta^2 - 1}\omega_n, \quad \beta = -\zeta\omega_n - \sqrt{\zeta^2 - 1}\omega_n$$

であり，ζ の値により，以下の 3 つに分けられる．

(1) 不足減衰（$0 < \zeta < 1$）

$$\alpha = -\zeta\omega_n + j\sqrt{\zeta^2 - 1}\omega_n, \beta = -\zeta\omega_n - j\sqrt{\zeta^2 - 1}\omega_n（共役複素根）$$

・インパルス応答：$y(t) = \dfrac{K\omega_n}{\sqrt{1 - \zeta^2}} e^{-\zeta\omega_n t} \sin\sqrt{1 - \zeta^2}\omega_n t$

・インパルス応答：$\lim\limits_{t \to \infty} y(t) = 0 \Rightarrow$ 振動しながら 0　（$\sqrt{1 - \zeta^2}\omega_n$ が大きい）

・単位ステップ応答：

$$y(t) = K\left\{1 - \frac{1}{\sqrt{1 - \zeta^2}} e^{-\zeta\omega_n t} \sin(\sqrt{1 - \zeta^2}\omega_n t + \phi)\right\},$$

$$\phi = \tan^{-1}\frac{\sqrt{1 - \zeta^2}}{\zeta}$$

・単位ステップ応答：$\lim\limits_{t \to \infty} y(t) = K \Rightarrow$ 振動しながら K
（$\sqrt{1 - \zeta^2}\omega_n$ が大きい）

(2) 臨界減衰（$\zeta = 1$）

$$\alpha = \beta = -\omega_n（重根）$$

・インパルス応答：$y(t) = K\omega_n^2 t\mathrm{e}^{-\omega_n t} \Rightarrow \lim_{t \to \infty} y(t) = 0 \ (\omega_n > 0)$

・単位ステップ応答：$y(t) = K\{1 - (1 + \omega_n t)\mathrm{e}^{-\omega_n t}\} \Rightarrow \lim_{t \to \infty} y(t) = K \ (\omega_n > 0)$

(3) 過減衰（$\zeta > 1$）

$\alpha = -\zeta\omega_n + \sqrt{\zeta^2 - 1}\,\omega_n, \quad \beta = -\zeta\omega_n - \sqrt{\zeta^2 - 1}\,\omega_n$ （異なる2つの実数根）

・インパルス応答：$y(t) = \dfrac{K\omega_n}{2\sqrt{\zeta^2 - 1}}(\mathrm{e}^{\alpha t} - \mathrm{e}^{\beta t}) \Rightarrow \lim_{t \to \infty} y(t) = 0$ （α, βともに負の実数）

・単位ステップ応答：$y(t) = K\left(1 - \dfrac{\zeta + \sqrt{\zeta^2 - 1}}{2\sqrt{\zeta^2 - 1}}\mathrm{e}^{\alpha t} + \dfrac{\zeta - \sqrt{\zeta^2 - 1}}{2\sqrt{\zeta^2 - 1}}\mathrm{e}^{\beta t}\right)$

$\Rightarrow \lim_{t \to \infty} y(t) = K$ （α, βともに負の実数）

章末問題

5.1 つぎの文章中の空欄を埋めなさい．

問1 システムの応答が，時刻 $t = 0$ のときの（　　　　　　）から（　　　　　　）までの過程の波形の特性をシステムの（　　　　　　）とよぶ．

問2 システムの応答が，十分な時間経過したときに示す波形特性を（　　　　　　）とよぶ．

問3 2次遅れ系伝達関数の分母多項式を $s^2 + 2\zeta\omega_n s + \omega_n^2$ とおくと，ζ を（　　　　　　），ω_n を（　　　　　　）とよぶ．

問4 減衰比 ζ を，（　　　　　　）のパターンに分けてシステムの応答を区別することができる．$0 < \zeta < 1$ のときを（　　　　　　），$\zeta = 1$ のときを（　　　　　　），$\zeta > 1$ のときを（　　　　　　）とよぶ．

5.2 つぎの1次遅れ系について，$T = 1$，$T = 5$ のときのそれぞれのインパルス応答を計算し，その概形を描きなさい．

$$G(s) = \frac{T}{Ts + 1} \tag{5.32}$$

第 5 章 ◆ システムの応答解析

5.3 つぎの 1 次遅れ系について，$T = 2$，$T = 10$ のときのそれぞれの単位ステップ応答を計算し，その概形を描きなさい．

$$G(s) = \frac{T}{Ts + 1} \tag{5.33}$$

5.4 1 次遅れ系の単位ステップ応答において，式 (5.6) の定数 $t = T$（時定数）の条件のとき，最終目標値の 63.2 % となる理由を説明しなさい．

5.5 2 次遅れ系の伝達関数が以下であるとき，単位ステップ応答を計算しなさい．

$$G(s) = \frac{0.98}{s^2 + 0.7s + 0.49} \tag{5.34}$$

第**6**章

極とシステムの応答

これまで，システムの特性の違いを調べる場合，システムの入出力関係を表す微分方程式をラプラス変換して得られた伝達関数の分母多項式に注目すればよいと述べた．この分母多項式の次数が n であるとき，線形時不変（LTI）システムは n 次系とよばれる．そこで本章では，特性方程式の根（すなわち極）を構成する実部・虚部の符号および大小関係がシステムにどのような影響を与えるかを解説する．

6.1 特性方程式と極

システムの伝達関数 $G(s)$ について，すでに述べてきたが，この $G(s) = \dfrac{\text{分子多項式}}{\text{分母多項式}}$ の次数の大小関係をもう少し詳しく考えてみたい．

6.1.1 零点・極・ゲイン表現（zpk 表現）

入力信号のラプラス変換 $U(s)$ と出力信号のラプラス変換 $Y(s)$ の比，すなわち

$$G(s) = \frac{Y(s)}{U(s)} = \frac{b_m s^m + b_{m-1} s^{m-1} + \cdots + b_1 s + b_0}{s^n + a_{n-1} s^{n-1} + a_{n-2} s^{n-2} + \cdots + a_1 s + a_0} \tag{6.1}$$

を LTI システムの伝達関数といい，式 (6.1) のように表記する．本章の冒頭の繰り返しとなるが，式 (6.1) の分母多項式の次数が n なので，この LTI システムは n 次系とよばれる．また，以下の方程式

$$s^n + a_{n-1} s^{n-1} + a_{n-2} s^{n-2} + \cdots + a_1 s + a_0 = (s-p_1)(s-p_2) \cdots (s-p_n) = 0 \tag{6.2}$$

の根 $\{p_1,\ p_2,\ \cdots,\ p_n\}$ を特性方程式[*1]の根といい，さらに LTI システムの極という．この極がシステムの応答に大きく影響を与えていることを理解しておこう．

[*1] 分母多項式 $= 0$ とおいた式のこと．

第 6 章 ◆極とシステムの応答

一方，$G(s) = 0$ となる点を LTI システムの零点という．すなわち，

$$b_m s^m + b_{m-1} s^{m-1} + \cdots + b_1 s + b_0 = (s - z_1)(s - z_2) \cdots (s - z_m) = 0 \quad (6.3)$$

の根 $\{z_1, z_2, \cdots, z_m\}$ が零点である．また，$n > m$ の場合には $s = \infty$ も零点となる（これを無限零点という）．すると，式 (6.1) は以下のように書き直すことができる．

$$G(s) = K \frac{(s - z_1)(s - z_2) \cdots (s - z_m)}{(s - p_1)(s - p_2) \cdots (s - p_n)} \quad (6.4)$$

ここで，K はゲインとよばれる．この表記をシステムの零点・極・ゲイン表現とよび，以降は zpk 表現と略記する．

6.1.2 微分方程式から zpk 表現を導出

まず，一般的なシステムの伝達関数の表し方を示そう．一般的な動的システムは以下の微分方程式で表される．

$$\frac{\mathrm{d}^n y(t)}{\mathrm{d}t^n} + a_{n-1} \frac{\mathrm{d}^{n-1} y(t)}{\mathrm{d}t^{n-1}} + a_{n-2} \frac{\mathrm{d}^{n-2} y(t)}{\mathrm{d}t^{n-2}} + \cdots + a_1 \frac{\mathrm{d}y(t)}{\mathrm{d}t} + a_0 y(t)$$
$$= b_m \frac{\mathrm{d}^m u(t)}{\mathrm{d}t^m} + b_{m-1} \frac{\mathrm{d}^{m-1} u(t)}{\mathrm{d}t^{m-1}} + b_{m-2} \frac{\mathrm{d}^{m-2} u(t)}{\mathrm{d}t^{m-2}} + \cdots + b_1 \frac{\mathrm{d}u(t)}{\mathrm{d}t} + b_0 u(t)$$
$$(6.5)$$

システムの伝達関数は，システムの特性を表す微分方程式のすべての初期値を 0 として，両辺をラプラス変換すると求められる．ここでもラプラス変換が大活躍する．$U(s) = \mathcal{L}[u(t)]$，$Y(s) = \mathcal{L}[y(t)]$ とすると，ラプラス変換の性質（性質 2）は $\mathcal{L}[f^n(t)] = s^n F(s)$ となることから，式 (6.5) の両辺をラプラス変換すると以下が得られる．

$$(s^n + a_{n-1} s^{n-1} + \cdots + a_1 s + a_0) Y(s)$$
$$= (b_m s^m + b_{m-1} s^{m-1} + \cdots + b_1 s + b_0) U(s) \quad (6.6)$$

よって，一般的なシステムの伝達関数 $G(s)$ は，

$$G(s) = \frac{Y(s)}{U(s)} = \frac{b_m s^m + b_{m-1} s^{m-1} + \cdots + b_1 s + b_0}{s^n + a_{n-1} s^{n-1} + a_{n-2} s^{n-2} + \cdots + a_1 s + a_0} \quad (6.7)$$

となる．式 (6.7) は，よくよく見ると，出力 $y(t)$ の $0, 1, \cdots, n$ 階微分の線形和が分母に，入力 $u(t)$ の $0, 1, \cdots, m$ 階微分の線形和が分子にそれぞれ配置されていることがわかる．

例題 6.1
式 (6.5) から 1 次遅れ系の伝達関数 $G(s)$ を導きなさい．

解答

式 (6.5) において $n = 1, m = 0$ とすれば，

$$\frac{\mathrm{d}y(t)}{\mathrm{d}t} + a_0 y(t) = b_0 u(t) \tag{6.8}$$

となり，これは 1 次遅れ系となる．すべての初期値を 0 として両辺をラプラス変換すると，$(s + a_0)Y(s) = b_0 U(s)$ となるので，伝達関数は以下で表される．

$$G(s) = \frac{b_0}{s + a_0} = \frac{K}{Ts + 1}, \quad T = \frac{1}{a_0}, \; K = \frac{b_0}{a_0} \tag{6.9}$$

例題 6.2
式 (6.5) から 2 次遅れ系の伝達関数 $G(s)$ を導きなさい．

解答

式 (6.5) において $n = 2, m = 0$ とすれば，

$$\frac{\mathrm{d}^2 y(t)}{\mathrm{d}t^2} + a_1 \frac{\mathrm{d}y(t)}{\mathrm{d}t} + a_0 y(t) = b_0 u(t) \tag{6.10}$$

となり，これは 2 次遅れ系となる．例題 6.1 と同様にすると，伝達関数は以下で表される．

$$G(s) = \frac{b_0}{s^2 + a_1 s + a_0} = \frac{K\omega_n^2}{s^2 + 2\zeta\omega_n s + \omega_n^2},$$
$$\omega_n = \sqrt{a_0}, \; \zeta = \frac{a_1}{2\omega_n} = \frac{a_1}{2\sqrt{a_0}}, \; K = \frac{b_0}{\omega_n^2} = \frac{b_0}{a_0} \tag{6.11}$$

第 6 章 ◆ 極とシステムの応答

6.2 極とシステムの応答との視覚的関係

1 次遅れ系や 2 次遅れ系の「分母多項式 $= 0$」の根は極とよばれることを 6.1 節で述べた.ここでは複素平面に極を図示することにより,制御工学における システムの応答との間の重要な関係性を整理しておこう.

6.2.1 1 次遅れ系の極と応答との関係

1 次遅れ系の伝達関数は以下の通りである.

$$G(s) = \frac{b}{s+a} = \frac{K}{Ts+1}, \ T = \frac{1}{a}, \ K = \frac{b}{a} \tag{6.12}$$

1 次遅れ系のインパルス応答,単位ステップ応答はそれぞれ以下の通りである.

$$\text{インパルス応答} \quad y(t) = \frac{K}{T} \mathrm{e}^{-\frac{1}{T}t} \tag{6.13}$$

$$\text{単位ステップ応答} \quad y(t) = K \left(1 - \mathrm{e}^{-\frac{1}{T}t} \right) \tag{6.14}$$

図 5.5 と図 5.6 より時定数 T に応じて応答 $y(t)$ の収束時間が変化すること が示された.2 つの応答ともに,指数関数 $\mathrm{e}^{-\frac{1}{T}t}$ が時間 t に応じて変化する 箇所であり,指数関数の違いは $-\frac{1}{T}$ の部分,すなわち T の変化に依存する. ここで,式 (6.12) の分母

$$Ts + 1 = s + \frac{1}{T} = 0 \tag{6.15}$$

で示される特性方程式を s について解くと,

$$s = -\frac{1}{T} \tag{6.16}$$

となる.これは,式 (6.13) のインパルス応答の指数関数のべき指数の t を除 いた部分とまったく同じである.式 (6.14) の単位ステップ応答についても同 じことがいえる.これまでをまとめると,システムの特性の違いは式 (6.12) の伝達関数 $G(s)$ の分母に現れて,「分母多項式 $= 0$」の根が応答の特性を表 していることになる.この式は非常に簡潔だが重要である.

6.2.2 2次遅れ系の極と応答との関係

5章では2次遅れ系の応答についても述べ，要点は以下の3点であった．

◆ システムの応答はその伝達関数の極によって様子が変わる．
◆ 1次遅れ系も2次遅れ系も，極の実部は指数関数のべき指数の成分となり，極の虚部は正弦関数の角周波数の成分となる．
◆ 1次遅れ系の場合は実数根のみ，2次遅れ系の場合は2つの異なる実数根，重根，もしくは共役複素根のいずれかである．

図 6.1 はインパルス応答に限って，極と応答の関係を複素平面上に可視化したものである．図中の Re は実軸，Im は虚軸を表し，＊や×印は極の位置を表している．では，図 6.1 から1次遅れ系の極と応答の関係を考察してみよう．これはちょうど，実軸（Re 軸）上の左右の図のみに相当する．A 領域の左半平面が $a = \frac{1}{T} > 0$ のときで，$s = -a = -\frac{1}{T} < 0$ となり，時間 $t \to \infty$ でインパルス応答が 0 に収束する．よって，条件が逆になると極は B 領域の右半平面に配置され，時間 $t \to \infty$ でインパルス応答が無限大に発散する．

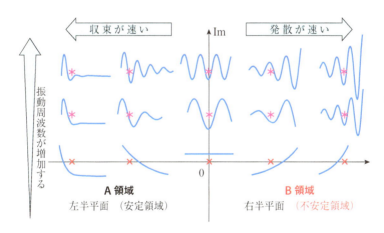

図 6.1 極の配置とインパルス応答との関係

［佐藤和也ほか（著），はじめての制御工学，講談社（2010），図 6.11 を参考に作成］

第6章◆極とシステムの応答

　そこで，図 6.1 から 2 次遅れ系の極と応答の関係を前述の 3 つの要点から考察してみよう．ここで気づいてほしいのは，極の 3 つのパターンによって，極の配置が変われば，システムの応答もそれに応じて変化するということである．

◆ 不足減衰（極：*，共役複素根）
　・虚部が正負どちらでも同じ応答となるので，虚部が正の値のみを示す．
　・代表極の虚部が大きくなると，応答の振動周期が短くなり，応答はより早く 0 に収束する．
　・負である実部がより小さくなると，応答の振動周期は変化しないが，応答はより早く 0 に収束する．
◆ 臨界減衰や過減衰（極：×）
　・極は実軸上に存在するため応答は振動しない．
　・負である極の値が小さくなると，応答はより早く 0 に収束する．

　ここで代表極について触れておく．システムが 2 つ以上の極をもつ場合（ただし，すべての極の実部は負と仮定），一体どの極がもっともシステムの応答に影響を与えるのであろうか．それは，その実部がより原点に近い極であり，これを代表極または主要極とよんでいる．

章末問題

6.1 つぎの文章中の空欄を埋めなさい．

問 1　伝達係数の「分母多項式」=0 の根を極とおいた方程式を（　　　　　　　　）と呼び，その根を（　　　　　　　　）という．これらの値を知ることで，（　　　　　　　　）の特徴を知ることができる．

問 2　システムの振動特性を極から考察すると，極が（　　　　　　）のみの場合は，応答は振動（　　　　　　　）が，極に（　　　　　　　　）が存在する場合は，応答は振動（　　　　　　　　）．

問 3 極が複素数のとき，極の（　　　　　　　）の値がより小さくなると，応答はより早く（　　　　　　　）する．

問 4 極が複素数のとき，極の（　　　　　　　）の値が大きくなると，応答の振動の周期は（　　　　　　）なる．

問 5 すべての極の（　　　　　　）であり，2つ以上の極をもつ場合，極の実部がもっとも原点に近い（　　　　　　）が大きな影響を及ぼす．

6.2 2次遅れ系の伝達関数 $G_1(s), G_2(s), G_3(s)$ に対して，各問に答えなさい．

　i) $G_1(s) = \dfrac{9}{s^2 + 3s + 9}$

　ii) $G_2(s) = \dfrac{4}{s^2 + 6s + 9}$

　iii) $G_3(s) = \dfrac{3}{s^2 + 4s + 3}$

問 1 分母多項式を $s^2 + 2\zeta\omega_n s + \omega_n^2$ とするとき，ζ, ω_n をそれぞれ求め，減衰の種類を判定しなさい．

問 2 それぞれのインパルス応答を計算しなさい．

6.3 前問 6.2 の伝達関数 $G_1(s), G_2(s), G_3(s)$ のシステムに対して，同様の手順で単位ステップ応答を計算しなさい．

6.4 図 2.9 のマス‐ばね‐ダンパシステムについて，各問に答えなさい．

問 1 力 $f(t)$ のラプラス変換 $F(s)$ を入力，台車の変位 $y(t)$ のラプラス変換 $Y(s)$ を出力としたときの伝達関数を求めなさい．

問 2 $M = 1, D = 3, K = 2$ および $M = 1, D = 2, K = 4$ としたとき，$f(t) = \delta(t)$ の場合の $y(t)$（インパルス応答）をそれぞれ求めなさい．

問 3 問 2 と同様のパラメータで，$f(t) = 1, t \geq 0$ の場合の $y(t)$（単位ステップ応答）を求めなさい．

第7章 システムの安定性

制御によって不安定なシステムを安定化することができる．よって，制御システムを構築したならば，完成されたシステムは本来安定でなければならない．そのためにはまず，システムが安定であるための条件を知る必要がある．制御理論では，このシステムの安定・不安定の性質を運動方程式の特徴，すなわち伝達関数の特徴によって判断する方法が提案されている．本章では，安定性について判断する具体的な方法について説明する．

7.1 安定性

平衡（現状を維持したい）状態にあるシステムに瞬間的な外乱を与えたとき，時間が経つとシステムが再び平衡状態に戻るならば，そのシステムは安定であるといい，システムが平衡点からますます離れていく場合は，不安定であるという．たとえば，図7.1では，お椀の中にビー玉を入れるときは安定であるが，逆に底を上に向けて置いたお椀の上にビー玉を置くと不安定となって，ビー玉は転がり落ちてしまう．

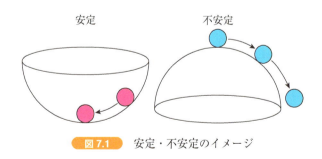

図7.1　安定・不安定のイメージ

7.2 定常特性

5章では，定常値（時間が十分経過した後にシステムの応答が一定となっ

たときの値）について述べた．しかし，その値が望ましい値になっているかどうかは別の話である．制御の目的は，システムの出力である制御量を，最終的に望ましい値にすることである．よって，定常値がどのような値になるかを調べることは重要であり，必要に応じてシステムに制御を施すことが求められる．ここでは伝達関数から定常値を求める方法について説明する．

7.2.1 最終値定理

定常値 y_∞ はシステムの応答 $y(t)$ の $t \to \infty$ での極限値であり，$y_\infty = \lim_{t\to\infty} y(t)$ と表される．

例題 7.1

1 次遅れ系の単位ステップ応答の定常値 y_∞ を求めなさい．

解答

1 次遅れ系の単位ステップ応答は

$$y(t) = K\left(1 - \mathrm{e}^{-\frac{1}{T}t}\right) \tag{7.1}$$

であるから，$t \to \infty$ での極限値を求めると，定常値は

$$y_\infty = \lim_{t\to\infty} y(t) = \lim_{t\to\infty} K\left(1 - \mathrm{e}^{-\frac{1}{T}t}\right) = K \tag{7.2}$$

となる． □

式 (7.2) のように，ある時間領域の関数 $f(t)$ が存在して，この $f(t)$ の時間 t が十分経過したときの $t \to \infty$ の値 $f(\infty)$ は極限値となり，$\lim_{t\to\infty} f(t)$ で計算できる．ただし，実際には，$t \to \infty$ まで答えを待ち続けることは不可能であることから，応答が十分一定と見なせるところで，その値を定常値と見なしている．

このように，定常値を求めるには，システムの応答式が導かれればよい．しかし，もしもシステムの極の実部がすべて負であるならば，ラプラス変換の性質を用いて，定常値を求めることができる．その手順は以下に述べる通りである．

・$f(t)$ を複素数領域 s の関数 $F(s)$ にラプラス変換する．

第 7 章 ◆ システムの安定性

・変換した関数 $F(s)$ に s をかけた式 $sF(s)$ を作る.
・$s \to 0$ にする.

ここで,時間領域 t と複素数領域 s との間に便利な決めごとがある.応答を $y(t)$,入力を $u(t)$ として,それぞれのラプラス変換を $Y(s) = \mathcal{L}[y(t)]$,$U(s) = \mathcal{L}[u(t)]$ とする.システムの伝達関数を $G(s)$ とすると,このとき,

$$\lim_{t \to \infty} f(t) = \lim_{s \to 0} sF(s) \tag{7.3}$$

の $f(t)$ を $y(t)$ に置き換えると,以下で表される.

$$\lim_{t \to \infty} y(t) = \lim_{s \to 0} sY(s) = \lim_{s \to 0} sG(s)U(s) \tag{7.4}$$

この式 (7.4) を最終値定理とよぶ[*1].最右辺の等式は,伝達関数を用いた動的システムの入出力の関係式 $Y(s) = G(s)U(s)$ を用いている.

例題 7.2

1 次遅れ系の単位ステップ応答において,定常値を最終値定理を用いて求めなさい.

解答

$$G(s) = \frac{K}{Ts+1}, \quad U(s) = \mathcal{L}[1] = \frac{1}{s} \tag{7.5}$$

から,最終値定理を用いると,定常値 y_∞ は,

$$y_\infty = \lim_{t \to \infty} y(t) = \lim_{s \to 0} sY(s) = \lim_{s \to 0} s\frac{K}{Ts+1}\frac{1}{s} = \lim_{s \to 0} \frac{K}{Ts+1} = K \tag{7.6}$$

となり,$t \to \infty$ で極限値を求めた場合(式 (7.2))と定常値 y_∞ の値が一致する. □

例題 7.3

2 次遅れ系の単位ステップ応答(不足減衰)

[*1] 最終値定理は「最終値の定理」という場合もある.

$$y(t) = K\left\{1 - \frac{1}{\sqrt{1-\zeta^2}}\mathrm{e}^{-\zeta\omega_n t}\sin(\sqrt{1-\zeta^2}\omega_n t + \phi)\right\},$$
$$\phi = \tan^{-1}\frac{\sqrt{1-\zeta^2}}{\zeta} \tag{7.7}$$

の定常値を求めなさい.

解答

式 (7.7) から極限値を求めると, $\displaystyle\lim_{t\to\infty}\mathrm{e}^{-\zeta\omega_n t} = 0$ より以下が得られる.

$$y_\infty = \lim_{t\to\infty}y(t) = \lim_{t\to\infty}K\left\{1 - \frac{\mathrm{e}^{-\zeta\omega_n t}}{\sqrt{1-\zeta^2}}\sin(\sqrt{1-\zeta^2}\omega_n t + \phi)\right\} = K \tag{7.8}$$

一方, 2 次遅れ系の単位ステップ応答だから, $G(s) = \dfrac{K\omega_n^2}{s^2 + 2\zeta\omega_n s + \omega_n^2}$,
$U(s) = \dfrac{1}{s}$ となる. よって, 最終値定理を用いると, 定常値 y_∞ は,

$$y_\infty = \lim_{t\to\infty}y(t) = \lim_{s\to 0}sY(s) = \lim_{s\to 0}s\frac{K\omega_n^2}{s^2 + 2\zeta\omega_n s + \omega_n^2}\frac{1}{s} = K \tag{7.9}$$

となる. □

　重要なことなので繰り返すが, 式 (7.2) において最終値定理が使える条件は「システム $sY(s) = sG(s)U(s)$ の極の実部がすべて負である」ことである.

　これまでをまとめると, 伝達関数の分母多項式が s に関して 1 次式または 2 次式であるならば, これらを解いて極を求めることは比較的容易にできる. さらに, システムの極の実部がすべて負であるならば, 最終値定理を用いて求めた定常値と応答計算により求めた定常値とは同じになる.

7.2.2　最終値定理が適用できない事例

　では, 伝達関数の分母多項式がより高次となり, 簡単に極を求めることができない場合はどうすればよいのだろうか. また, もしも極の値を確認しないで最終値定理を適用すると, どのようなことが起こるのだろうか.

例題 7.4

以下の伝達関数 $G(s)$ の単位ステップ応答の定常値を求めなさい．

$$G(s) = \frac{s+3}{s^3 + 2s^2 + 2s + 3} \tag{7.10}$$

解答

この単位ステップ応答の挙動[*2]は図 7.2 のようになり，応答は一定値に収束し，定常値は 1 となる．このシステムに対して，最終値定理を用いて定常値 y_∞ を計算すると，

$$\begin{aligned} y_\infty &= \lim_{t \to \infty} y(t) = \lim_{s \to 0} sY(s) = \lim_{s \to 0} sG(s)U(s) \\ &= \lim_{s \to 0} s \frac{s+3}{s^3 + 2s^2 + 2s + 3} \frac{1}{s} = 1 \end{aligned} \tag{7.11}$$

となり，図 7.2 の結果と一致する．この応答では，最終値定理が有効であり，問題とはならないことがわかる． □

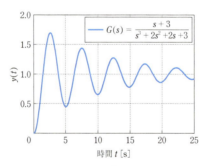

図 7.2 $G(s) = \dfrac{s+3}{s^3 + 2s^2 + 2s + 3}$ の単位ステップ応答

例題 7.5

以下の伝達関数 $G(s)$ の単位ステップ応答の定常値を求めなさい．

$$G(s) = \frac{s+3}{s^3 + 2s^2 + 2s + 5} \tag{7.12}$$

[*2] 応答の挙動は制御系 CAD（たとえば scilab）などを用いて，シミュレーションして求めた．

解答

式 (7.12) の伝達関数は，式 (7.10) の伝達関数の分母多項式の定数項を 3 から 5 に変えただけに過ぎない．よって，何も考えず単純に最終値定理を用いると，以下の結果が得られる．

$$y_\infty = \lim_{t \to \infty} y(t) = \lim_{s \to 0} sY(s) = \lim_{s \to 0} sG(s)U(s)$$
$$= \lim_{s \to 0} s \frac{s+3}{s^3 + 2s^2 + 2s + 5} \frac{1}{s} = \frac{3}{5} \tag{7.13}$$

ところが，この単位ステップ応答の挙動は図 7.3 のようになり，振動しながらやがて無限大に発散する．したがって，最終値定理を用いて求めた定常値と一致しない．

このことは，大きな問題である．システムの伝達関数の分母多項式が s の 3 次の特性方程式であれば，極の値を得るには 3 次方程式を解く必要がある．その結果，例題 7.4 では最終値定理と応答計算より求めた定常値は一致するが，例題 7.5 では一致しない． □

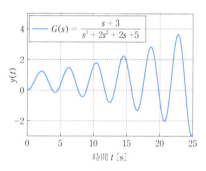

図 7.3 $G(s) = \dfrac{s+3}{s^3 + 2s^2 + 2s + 5}$ の単位ステップ応答

例題 7.6

例題 7.5 において，最終値定理と応答計算より求めた定常値が異なる理由は何に起因するか考えなさい．

第 7 章 ◆ システムの安定性

解答

その理由は明白である．なぜならば，システムの極の実部が負ではない値が存在するからである．伝達関数の分母多項式が s の 1 次式または 2 次式の場合，最終値定理が適用できるかどうかは，比較的容易に確認できることはすでに述べた．しかし通常，システムの伝達関数では分母多項式が 3 次もしくはそれ以上の次数となることがほとんどである．となれば，システムの極を手計算で求めることは難しい．したがって，最終値定理が適用できるかどうかの判断は，制御系 CAD のシミュレーションを用いて確認するしかない．このように分母多項式の次数が 3 次以上の場合には，「極の実部が負であればシステムの応答が定常値に収束するのか」という問題を常に念頭におかなくてはならない．　　　□

7.3　過渡特性と安定性

7.3.1　安定性

7.2 節で，伝達関数の分母多項式の値が変わると，応答の挙動がまったく異なることがわかった．この違いはなぜ起こるのだろうか．ここでは，システムの安定性について解説する．

—— システムの安定性 ——

有界なすべての入力に対して，システムの応答が発散しない場合，システムは「安定である」といい，発散する場合，システムは「不安定である」という．たとえば，式 (7.10) は安定となり，式 (7.12) は不安定となる．LTI システムでは，単位ステップ応答が有界であれば，システムが安定であることが知られている．

7.3.2　システムの安定性の判定：単位ステップ応答の計算から

コンピュータが出現する以前の時代では，システムの安定性の判定にシミュレーションを用いることはできなかった．では，1 次遅れ系や 2 次遅れ系を含む一般的なシステムの安定性をどのように判定していたのだろうか．ここ

では，その方法について解説する．

　以下では，式 (6.7) の伝達関数に対する単位ステップ応答 $y(t)$ の安定性を調べてみよう．単位ステップ応答は $y(t) = \mathcal{L}^{-1}[Y(s)] = \mathcal{L}^{-1}[G(s)U(s)] = \mathcal{L}^{-1}\left[G(s)\dfrac{1}{s}\right]$ で求められることはすでに述べた．$G(s)\dfrac{1}{s}$ を部分分数展開すると，最初は複雑な式で圧倒されるだろうが，まずは「こんなものか」と思う程度で結構である．

$$
\begin{aligned}
Y(s) &= G(s)\frac{1}{s} \\
&= \frac{b_m s^m + b_{m-1}s^{m-1} + \cdots + b_1 s + b_0}{s(s^n + a_{n-1}s^{n-1} + a_{n-2}s^{n-2} + \cdots + a_1 s + a_0)} \\
&= \frac{b_m s^m + b_{m-1}s^{m-1} + \cdots + b_1 s + b_0}{s(s - \alpha_1)\cdots(s - \alpha_q)\{(s - \beta_1)^2 + \omega_1^2\}\cdots\{(s - \beta_r)^2 + \omega_r^2\}} \\
&= \frac{c_0}{s} + \frac{d_1}{s - \alpha_1} + \cdots + \frac{d_q}{s - \alpha_q} + \frac{e_1 s + f_1}{(s - \beta_1)^2 + \omega_1^2} + \cdots + \frac{e_r s + f_r}{(s - \beta_r)^2 + \omega_r^2} \\
&= \underbrace{\frac{c_0}{s}}_{s \text{ の } 1 \text{ 次式}} + \sum_{i=1}^{q} \underbrace{\frac{d_i}{s - \alpha_i}}_{s \text{ の } 1 \text{ 次式}} + \sum_{l=1}^{r} \underbrace{\left[\frac{g_l \omega_l}{(s - \beta_l)^2 + \omega_l^2} + \frac{h_l(s - \beta_l)}{(s - \beta_l)^2 + \omega_l^2}\right]}_{s \text{ の } 2 \text{ 次式}}
\end{aligned}
\tag{7.14}
$$

ここで，$\alpha_i\ (i = 1, \cdots, q)$，$\beta_l,\ \omega_l\ (l = 1, \cdots, r)$ は係数であり，$\omega_l > 0$ である．また，$c_0, d_i\ (i = 1, \cdots, q)$，$e_l, f_l, g_l, h_l\ (l = 1, \cdots, r)$ は，部分分数展開する際に定まる係数である．

　式 (7.14) の最終式を注目してほしい．式 (7.14) を部分分数展開する際は，分母多項式の $\alpha_i, \beta_l, \omega_l$ は，それぞれすべて相異なる値となる必要がある．すなわち，伝達関数の極は，実極 α_i と共役複素極 $\beta_l \pm j\omega_l$ となっている．ただし，システムの伝達関数の式 (6.7) は一般形であって，6 章までのように α_i と β_l は常に負の値とは限らないことに注意しよう．式 (7.14) の逆ラプラス変換を行うと，単位ステップ応答 $y(t)$ は以下で表される．

$$
y(t) = \overbrace{c_0}^{\text{I}} + \sum_{i=1}^{q} \underbrace{d_i \mathrm{e}^{\alpha_i t}}_{\text{II}} + \sum_{l=1}^{r} \overbrace{\mathrm{e}^{\beta_l t}}^{\text{III}} \underbrace{(g_l \sin \omega_l t + h_l \cos \omega_l t)}_{\text{IV}}
\tag{7.15}
$$

第 7 章 ◆ システムの安定性

ここで，2 次遅れ系の共役複素極 $\beta_l \pm j\omega_l$ の実部 β_l が指数関数のべき指数の部分に，虚部 ω_l が正弦関数の角周波数の部分にそれぞれ現れていることに気づいてほしい．

7.3.3　単位ステップ応答が発散するか収束するかを調べる

式 (7.15) の単位ステップ応答 $y(t)$ が時間 $t \to \infty$ で無限大に発散するか，あるいは有界な値に収束するかを調べる．そのために，**表 7.1** を参考にする．

項目 I より，式 (7.15) の c_0 は時間 t に関係のない一定値であるから，一定値 c_0 は $t \to \infty$ となっても $y(t)$ には何も影響を与えない．

つぎに，式 (7.15) の $\displaystyle\sum_{i=1}^{q} d_i \mathrm{e}^{\alpha_i t}$ の応答を調べる．項目 II より $\alpha_i < 0$ であれば，指数関数の性質から $\displaystyle\lim_{t\to\infty} d_i \mathrm{e}^{\alpha_i t} = 0$ となる．

最後に，式 (7.15) の $\displaystyle\sum_{l=1}^{r} \mathrm{e}^{\beta_l t} (g_l \sin \omega_l t + h_l \cos \omega_l t)$ の応答を調べる．これは，項目 III の指数関数 $\mathrm{e}^{\beta_l t}$ と項目 IV の三角関数 $(g_l \sin \omega_l t + h_l \cos \omega_l t)$ との積である．三角関数の足し合わせの波形は単純に振動するが，項目 III より $\beta_l < 0$ であれば $\displaystyle\lim_{t\to\infty} \mathrm{e}^{\beta_l t} = 0$ となり，項全体の値は振動しながら時間とともに 0 に収束する．

表 7.1　解の振る舞いの判定

項目	特徴
I	一定値
II	$\alpha_i < 0$ ならば 0 に収束
III	$\beta_l < 0$ ならば 0 に収束
IV	角周波数 ω_l で振動

7.3.4　安定性の判定を行う

7.3.3 節より，$\alpha_i < 0 \, (i = 1, \cdots, q)$ かつ $\beta_l < 0 \, (l = 1, \cdots, r)$ であれば，単位ステップ応答は有界な一定値 c_0 に収束することが示された．つまり，極の実部がすべて負であればシステムは安定となる．なお，式 (7.15) は線形性が保たれているので，右辺第 2, 3 項は関数のすべてが足し合わせの項

92

となっている．したがって，α_i, β_l のうちどれか1つでも正であれば，その項だけは無限大に発散し，システムは不安定となる．

伝達関数 $G(s)$ の安定性の条件

$G(s)$ が安定となる条件は，$G(s)$ の極の実部がすべて負であることである．そうでない場合は $G(s)$ は不安定となる．

7.4 ラウスの安定判別法

伝達関数の分母多項式が s に関して1次式または2次式であれば，伝達関数において「分母多項式」= 0 とした特性方程式から極を求め，その結果よりシステムの安定性を判定できた．しかし，3次式以上の場合は，極を手計算で求めることはかなり難しい．

7.4.1 概要

安定判別を行う方法が数学者ラウス（図 7.4）により示されている．これ

図 7.4　数学者ラウス（Edward Routh, 1831–1907）の肖像画［Wikipedia より］

第 7 章 ◆ システムの安定性

は，分母多項式の係数を用いて，伝達関数の安定性を判別し，不安定な場合には不安定な極（実部が正となる極）の個数を求める方法である．これをラウスの安定判別法とよぶ．

7.4.2 手順

それでは，具体的な方法について説明する．伝達関数 $G(s)$ の分母を以下の s に関する n 次方程式とする．

$$a_n s^n + a_{n-1} s^{n-1} + a_{n-2} s^{n-2} + \cdots + a_1 s + a_0 = 0 \qquad (7.16)$$

式 (7.16) において，以下の条件を判定し，ラウス表を作ることにより $G(s)$ の安定性を調べることができる．

◆ 条件 1：係数 $a_0, a_1, \cdots, a_n$ がすべて正の値である．
◆ 条件 2：欠項が存在しない[*3]．

条件 1 および条件 2 が満たされていれば，以下の手順で**表 7.2** のようなラウス表を作る．

手順 1： ラウス表の枠を作り，第 1 列を式 (7.16) の次数 n に応じて書き込む．上から 2 行目までの成分は，式 (7.16) の s の n 次（最高次）の係数 a_n から，$n-1$ 次の係数 a_{n-1}，2 列目にずれて $n-2$ 次の係数 $a_{n-2}, \cdots, a_1, a_0$ をジグザグに並べる．

手順 2： ラウス表の 3 行目以降の成分 $R_{pq} (p = 3, \cdots, n+1, \ q = 1, \cdots)$，たとえば $R_{31}, R_{32}, R_{41}, R_{42}$ は，表 7.2 のように計算できる．この方針に従って，その列の値が 0 になるところまで逐次計算して埋めていく．

手順 3： すべての成分を計算し終えたら，ラウス表の 1 列目を，上から順に $R_{11}, R_{21}, R_{31}, \cdots, R_{(n+1)1}$ と並べる．この列の数列はラウス数列とよばれる．

手順 4： 抽出したラウス数列よりシステムの安定性を吟味する．
　　(i)【判定】：ラウス数列がすべて正の値をとれば，$G(s)$ は安定

[*3] 高次多項式の各次数の項において存在しない項がないことをさす．

である．そうでない場合は不安定となる．

(ii)【不安定な極の個数】：ラウス数列の正負の符号が変わる回数と $G(s)$ の不安定な極（実部が正）の数は同じである．

　また，式 (7.16) が条件 1 と条件 2 を満たしていなければ，$G(s)$ はすぐに不安定であると判定できる．この 2 つの条件が成立した場合にのみ，ラウス表を作りラウス数列の判定を行えばよい．なお，正負の符号が変わる回数は，たとえば，ラウス数列が $1, 2, -2, 1, -1$ となった場合は，$2 \to -2$ で 1 回，$-2 \to 1$ で 1 回，$1 \to -1$ で 1 回となり合計 3 回であり，$G(s)$ の不安定な極の数は 3 個であることがわかる．

表7.2　　ラウス表，表の値の計算方法およびラウス数列

$G(s)$ の分母 $= a_n s^n + a_{n-1} s^{n-1} + \cdots + a_1 s + a_0 \ (a_n > 0)$

ラウス表

s^n	$\underline{R_{11}}$ a_n	$\underline{R_{12}}$ a_{n-2}	$\underline{R_{13}}$ $a_{n-4}\cdots$	$\underline{R_{14}}$	$\cdots$
s^{n-1}	$\underline{R_{21}}$ a_{n-1}	$\underline{R_{22}}$ a_{n-3}	$\underline{R_{23}}$ $a_{n-5}\cdots$	$\underline{R_{24}}$	$\cdots$
s^{n-2}	$\underline{R_{31}}$	R_{32}	R_{33}	$\cdots$	$\cdots$
s^{n-3}	$\underline{R_{41}}$	R_{42}	R_{43}	$\cdots$	$\cdots$
$\vdots$	$\vdots$	$\vdots$	$\vdots$	$\vdots$	$\vdots$
s^2	$R_{(n-1)1}$	$R_{(n-1)2}$	0		
s	R_{n1}	0			
s^0	$R_{(n+1)1}$	0			

$$R_{31} = \frac{R_{21}R_{12} - R_{11}R_{22}}{R_{21}}$$

$$R_{32} = \frac{R_{21}R_{13} - R_{11}R_{23}}{R_{21}}$$

$$R_{41} = \frac{R_{31}R_{22} - R_{21}R_{32}}{R_{31}}$$

$$R_{42} = \frac{R_{31}R_{23} - R_{21}R_{33}}{R_{31}}$$

ラウス数列（黄色部分の数の並び）

7.4.3　ラウス表作成のコツ

　以上から，ラウスの安定判別法の有用性が理解できるであろう．ラウスの安定判別法は，一度慣れるとさほど理解は難しくない．ここでは，ラウス表

第 7 章 ◆ システムの安定性

作成のコツを紹介する．判定のためのラウス表を作成する際のコツは，分数計算を整理して見やすくした判定用のラウス表（表 7.3）と，計算用のラウス表（表 7.4）を併記することである．また，表 7.4 に示す通り，キーとなる分母の基数をピポットとよんで，計算ミスを防いでいる．なお，それぞれの行ごとにピポットが替わることに注意しよう．表 7.3 と表 7.4 を用いた解法を章末問題 7.4, 7.5 に用意したので，ぜひチャレンジしてほしい．

表 7.3 判定用のラウス表

s^5	+ 1	3	6
s^4	+ 1	2	2
s^3	+ 1	4	
s^2	○ −2	2	
s^1	+ 5		
s^0	+ 2		

表 7.4 計算用のラウス表とピポット

章末問題

7.1 つぎの文章中の空欄を埋めなさい．

問 1 システムの応答 $y(t)$ の $t \to \infty$ としたときの値を（　　　　）という．単位ステップ応答の場合は，システムが安定であれば，（　　　　）を用いて簡単に求めることができる．ただし，不安定な場合はこの定理は使えない．

問 2 伝達関数のすべての極の実部が（　　　　）であれば，システムは安定である．

問 3 システムの（　　　　）が高次となり，（　　　　）の値を具体的に求めることが困難な場合，（　　　　）でシステムの安定性を判別できる．

問 4 ラウス数列が $\{1, 1, 1, -2, 5, 2\}$ となった場合，（　　　　）は合計 2 回であり，システムの（　　　　）の数は 2 個あることがわかる．

7.2 伝達関数 $G(s) = \dfrac{2}{s^2 + 2s + 6}$ で与えられるシステムについて，各問に答えなさい.

問 1 システムの極を求め，安定かどうか判定しなさい.

問 2 問1において安定な場合，最終値定理を用いて入力 $u(t) = 1,\, t \geqq 0$ の場合の出力 $y(t)$ の定常値（$y_\infty = \lim_{t \to \infty} y(t)$）を求めなさい.

7.3 特性方程式が

$$s^4 + 2s^3 + as^2 + 4s + 5 = 0$$

で与えられたとき，システムが安定になるように a の範囲を求めなさい.

7.4 特性方程式が

$$s^5 + s^4 + 3s^3 + 2s^2 + 6s + 2 = 0$$

で与えられたとき，その安定性をラウスの安定判別法を用いて判別しなさい．また，不安定の場合は不安定な極の数を調べなさい.

7.5 つぎの伝達関数 $G_1(s) \sim G_3(s)$ について，各問にそれぞれ答えなさい.

$$G_1(s) = \frac{1}{s^2 + 2s - 3}$$

$$G_2(s) = \frac{5}{s^3 + 5s^2 + 10s + 25}$$

$$G_3(s) = \frac{1}{s^4 + 8s^3 + 16s^2 + 40s + 100}$$

問 1 ラウスの安定判別法を用いてシステムの安定性を調べなさい.

問 2 不安定な場合は，不安定な極の個数を求めなさい.

第8章 周波数特性とボード線図

　システムを思い通りに操るためには，システムの特性のことを調べたうえで制御系の設計を行うとよい．そのときの代表的な試験信号としては正弦（sin）波を選ぶことが常であり，各周波数の入力に対する出力は，それぞれ異なった振幅および位相となる．つまり，入力される信号の周波数によって，出力される信号の振幅が変わるという現象が発生し，このことを周波数特性とよんでいる．本章では，システムにおいて周波数特性とはどういうものなのか，どのように考えればよいかについて解説する．

8.1　周波数応答

　正弦波 $u(t) = A \sin \omega t$ を入力として加えたとき，そのシステムの応答を周波数応答とよぶ．ここで，A は振幅，$\omega \,[\mathrm{rad/s}]$ は角周波数である．図 8.1 は，周波数応答をイメージしたものである．

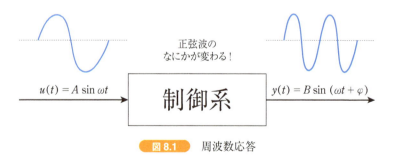

図 8.1　周波数応答

例題 8.1

　極の実部が負となる安定な1次遅れ系の周波数応答を求めなさい．

$$G(s) = \frac{K}{Ts+1} \quad (\text{時定数}：T > 0, \quad \text{ゲイン}：K > 0) \tag{8.1}$$

解答

式 (8.1) の 1 次遅れ系の応答 $y(t)$ は以下で表される.

$$y(t) = \mathrm{e}^{-\frac{1}{T}t}y(0) + \int_0^t \mathrm{e}^{-\frac{1}{T}(t-\tau)}\frac{K}{T}u(\tau)\mathrm{d}\tau \tag{8.2}$$

これに,入力 $u(t) = A\sin\omega t$ を代入すると,式 (8.2) の右辺第 1 項は指数関数のべき指数が $-\dfrac{1}{T}t < 0$ となり 0 に収束する.そのため,定常状態の出力(応答)は式 (8.3) で表される.現段階においては「ふーん.計算結果はこんなものなんだ」という程度で十分である.詳しくは 10 章で触れるのでまったく心配はいらない.

$$y(t) = K\frac{1}{\sqrt{(\omega T)^2 + 1}}A\sin(\omega t - \tan^{-1}\omega T) = B\sin(\omega t + \phi) \tag{8.3}$$

ここで,$B = K\dfrac{1}{\sqrt{(\omega T)^2 + 1}}A,\ \phi = -\tan^{-1}\omega T$ である.つまり,1 次遅れ系の応答 $y(t)$ は振幅 B で角周波数 ω の正弦波ということになる.式 (8.3) より,入力と出力の違いは以下にまとめられる.

・入力,出力ともに角周波数 ω の正弦波となる.
・出力の振幅 B は入力の振幅 A の $K\dfrac{1}{\sqrt{(\omega T)^2 + 1}}$ 倍となる.
・正弦波の位相は $-\tan^{-1}\omega T$ ずれる.

ここでいう位相とは,信号の基本波形に対する時間軸上の前後のずれを表す.たとえば $\sin\omega t$ と $\sin(\omega t + \phi)$ については,周期は同じではあるが,同じ値となる時間については ϕ の分だけずれが現れる. □

例題 8.2

入力を $u(t) = 10\sin\omega t$ とする.式 (8.3) において $K = 1.0,\ T = 0.1$ とすると,応答 $y(t)$ は

$$y(t) = \frac{10}{\sqrt{0.01\omega^2 + 1}}\sin(\omega t - \tan^{-1}0.1\omega) \tag{8.4}$$

第 8 章 ◆ 周波数特性とボード線図

となる．ここで，角周波数を $\omega = 0.01[\mathrm{rad/s}]$ と $\omega = 10[\mathrm{rad/s}]$ とした場合の応答の振幅の大きさをそれぞれ求めなさい．

解答

式 (8.4) に ω の値をそれぞれ代入すると，振幅は以下となる．

◆ $\omega = 0.01[\mathrm{rad/s}]$ の場合，振幅 $A_{\omega=0.01}$ は以下の式で計算される．

$$A_{\omega=0.01} = \frac{10}{\sqrt{0.01 \times (0.01)^2 + 1}} = \frac{10}{\sqrt{0.01^3 + 1}} \fallingdotseq \frac{10}{\sqrt{1}} = 10$$

よって，振幅はおおよそ 10 となる．

◆ $\omega = 10[\mathrm{rad/s}]$ の場合，振幅 $A_{\omega=10}$ は以下の式で計算される．

$$A_{\omega=10} = \frac{10}{\sqrt{0.01 \times 10^2 + 1}} = \frac{10}{\sqrt{1+1}} \fallingdotseq \frac{10}{\sqrt{2}} = 5\sqrt{2}$$

よって，振幅はおおよそ 7 となる．

また，位相について以下となる．

◆ $\omega = 0.01[\mathrm{rad/s}]$ の場合，位相 $\phi_{\omega=0.01}$ は以下の式で計算される．

$$\phi_{\omega=0.01} = -\tan^{-1}(0.1 \times 0.01) = -\tan^{-1} 0.001 \fallingdotseq 0 \,[\mathrm{deg}]$$

よって，位相はおおよそ $0\,[\mathrm{deg}]$ となる．

◆ $\omega = 10[\mathrm{rad/s}]$ の場合，位相 $\phi_{\omega=10}$ は以下の式で計算される．

$$\phi_{\omega=10} = -\tan^{-1}(0.1 \times 10) = -\tan^{-1} 1 = -45 \,[\mathrm{deg}]$$

よって，位相は $-45\,[\mathrm{deg}]$ となる．

実際の周波数応答を**図8.2**に示す（青線が入力，赤線が応答）．図 8.2 (a)，(b) はいずれも $\omega = 0.01\,[\mathrm{rad/s}]$ の場合であり，(b) は (a) の一部を拡大したものである．振幅比は約 1，位相は $0\,[\mathrm{deg}]$ となっているので，入力と応答の波形がほぼ重なっている．また，図 8.2 (c) の $\omega = 10\,[\mathrm{rad/s}]$

の場合，定常状態における応答は正弦波の波形となり，振幅は入力の $\frac{5\sqrt{2}}{10} \fallingdotseq 0.7$ 倍，位相はほぼ 45 [deg] ずれている．

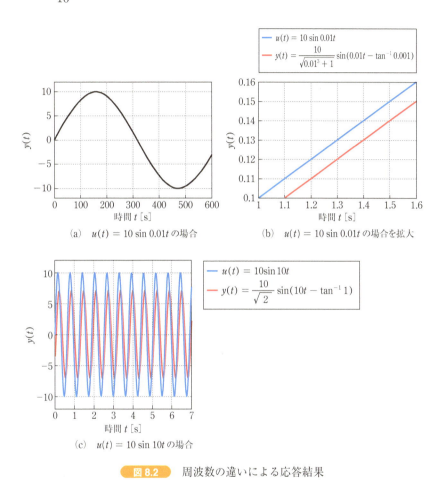

図 8.2 周波数の違いによる応答結果

以上より，1次遅れ系の伝達関数 $G(s) = \dfrac{K}{Ts+1}$ に対して，角周波数成分の異なる正弦波を入力すると，角周波数は変わらないが，振幅と位相は変わることがわかる． □

第 8 章◆周波数特性とボード線図

8.2 周波数特性

周波数特性とは，周波数領域におけるシステムの特性のこととも解釈できる．8.1 節の周波数応答で確認したことをもう一度整理しておこう．動的システムが安定な状態において，入力の角周波数 ω を変化させたとしよう．そのとき，周波数応答 $y(t)$ は一般的に以下の通りとなる．

(1) 角周波数 ω が変化しても応答 $y(t)$ は入力と同じ正弦波である．
(2) 角周波数 ω が変化すれば，振幅も変化する．
(3) 角周波数 ω が変化すれば，位相も変化する．

いま，入力の角周波数 ω の変化に対する応答の振幅を B とすると，つぎの関係式が存在することが知られている．

$$g = 20 \log_{10} \frac{B}{A} \tag{8.5}$$

この g のことをゲインとよぶ．g は入力と出力の振幅比の常用対数[*1] を 20 倍した値である．これが騒音問題やスピーカーの性能を表すときによく耳にするデシベル値（dB）である．単位は [dB] である．デシベルの身近な例を**表 8.1**に示す．基準となる音圧は通常の人の耳に聞こえる最小音 $(2 \times 10^{-5}\,[\mathrm{N/m^2}])$ であり，これと比較してどの程度大きいかという値になる[*2]．

ゲインと振幅の関係

式 (8.5) と対数関数の性質により，ゲイン g と振幅 A, B の関係は以下の 3 つに分けることができる．

(1) $A = B$ ならば，$g = 0$ となる．
(2) $A > B$ ならば，g は負の値となる．
(3) $A < B$ ならば，g は正の値となる．

[*1] 以後，「対数」と記す．
[*2] 大学の授業は $50\,\mathrm{dB}$ 強と思われる．しかし，たとえば騒音が $57\,\mathrm{dB}$ と $60\,\mathrm{dB}$ だとしても $3\,\mathrm{dB}$ しか違わないが信号レベルでは 1.4 倍違う．

102

120 dB	飛行機のエンジンの近く
110 dB	自動車の警笛（前方 2 m）・リベット打ち
100 dB	電車が通るときのガード下
90 dB	騒々しい工場の中・カラオケ（店内客席中央）
80 dB	地下鉄の車内・電車の車内
70 dB	ステレオ（正面 1 m，夜間）・騒々しい事務所の中・騒々しい街頭
60 dB	静かな乗用車・普通の会話
50 dB	静かな事務所・クーラー（屋外機，始動時）
40 dB	市内の深夜・図書館・静かな住宅の昼
30 dB	郊外の深夜・ささやき声
20 dB	木の葉のふれあう音・置時計の秒針の音（前方 1 m）

表8.1 デシベルの身近な例

8.3 ボード線図

入力の角周波数 ω の変化に対するゲイン g と位相 ϕ を図にするとシステムの周波数特性が直観的に理解できる．このような図をボード線図とよぶ．

8.3.1 ボード線図の横軸の見方

ボード線図の横軸は，システムの入力の角周波数 ω [rad/s] である．ここで注意すべき点は，横軸のみが対数軸となることである．このような縦軸と横軸の関係性をもつグラフは片対数グラフとよばれる（図 8.3）．

ここで，10 を底とする対数を考える．対数には以下の性質がある．

$$\log_{10} 10 = 1 \tag{8.6}$$

$$\log_{10} AB = \log_{10} A + \log_{10} B \tag{8.7}$$

$$\log_{10} A^p = p \log_{10} A \tag{8.8}$$

片対数グラフの目盛りの偏りを理解するために，代表的な対数の近似値を以下に示しておこう．

$$\begin{aligned}
&\log_{10} 2 = 0.3010, \ \log_{10} 3 = 0.4771 \\
&\log_{10} 8 = 3 \log_{10} 2 = 0.9031, \ \log_{10} 9 = 2 \log_{10} 3 = 0.9542
\end{aligned} \tag{8.9}$$

第 8 章◆周波数特性とボード線図

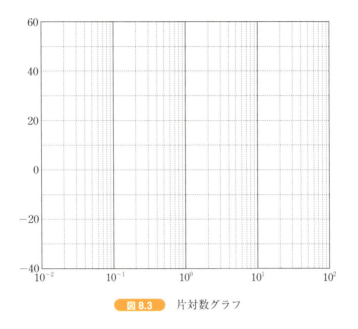

図 8.3　片対数グラフ

このとき，ボード線図に関する対数表示については，以下に整理される．

- ◆ 実数が 2 から 3 に増えたときに対応する対数の増分は，実数が 8 から 9 に増えたときに対応する対数の増分よりも大きい．したがって，ボード線図の横軸の目盛りに偏りが生じる．
- ◆ 横軸では 10^0 と 10^1 との間に 8 本の破線の目盛りがある．それは，2×10^0 から始まり，最後が 9×10^0 となる．これが，対数的に目盛りをつけている理由である．
- ◆ $10^{-2}, 10^{-1}, 10^0, 10^1, 10^2$ が等間隔に並ぶ理由は，

$$0.01 = 1 \times 10^{-2}, \quad 0.1 = 1 \times 10^{-1}, \quad 1 = 1 \times 10^0, \\ 10 = 1 \times 10^1, \quad 100 = 1 \times 10^2 \tag{8.10}$$

よりわかる．図 8.3 の横軸の指数関数のべき指数に着目すると，昇べきの順番に $-2, -1, 0, 1, 2$ と等間隔であり，整数が整然と並ぶ．
- ◆ 角周波数 ω を 10^n（n は整数）まで考えたとしても，横軸での 10^n と

10^{n+1} の間隔は，10^{-1} と 10^{0} の間隔と必ず同じになる．したがって，$\omega = 0$ となる箇所をボード線図上で表すことは不可能である．

◆ 横軸において，10 倍の間隔を 1 デカード（dec）とよぶ．

8.3.2　1 次遅れ系の周波数特性

1 次遅れ系 $G(s) = \dfrac{1}{0.1s + 1}$ のシステムの周波数応答のボード線図を図 8.4 に示す．ボード線図は 2 つの図から構成される．上がゲイン特性を表すゲイン線図，下が位相特性を表す位相線図である．双方とも横軸は角周波数 ω [rad/s] を表すが，縦軸は上をゲイン g [dB]，下を位相 ϕ [deg] として描く[*3]．ゲイン線図における dB/dec は傾きのある直線をゲイン線図で描くとき必ず表記する．8.1 節に示した通り，ゲイン特性は以下のようになる．あくまでも，実験的であるので結果がなぜそうなるかについては，のちほど触れるので楽しみにしてほしい．

◆ $\omega = 0.1 = 10^{-1}$ [rad/s] 付近：ゲインはおおよそ 0 [dB]（入力と出力

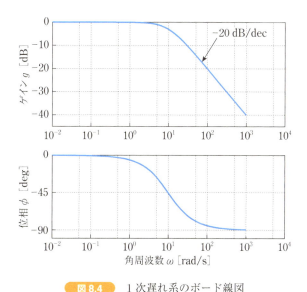

図 8.4　1 次遅れ系のボード線図

[*3] 一般角を表す「度」は，「°」ではなく deg と表記することが多い（英語の degree の略）．

第 8 章 ◆ 周波数特性とボード線図

の振幅がほぼ同じ）.

◆ $\omega = 100 = 10^2 \,[\mathrm{rad/s}]$：ゲインは $-20\,[\mathrm{dB}]$ （出力の振幅は入力の振幅の $\dfrac{1}{10}$）.

また，位相特性は以下のようになる.

◆ $\omega = 10^0 \,[\mathrm{rad/s}]$ 付近まではおおよそ $0\,[\mathrm{deg}]$.
◆ $\omega = 10^1 (= 10)\,[\mathrm{rad/s}]$ で $-45\,[\mathrm{deg}]$.
◆ ω が大きくなるにつれて $-90\,[\mathrm{deg}]$ に漸近している.

以上より，システムの周波数応答とボード線図との対応が明らかになった.
こうして，動的システムが可視化されることは理解の助けとなろう.

8.4 基本要素の周波数特性

実際に活用されている動的システムの特性は複数の特性が組み合わさっているために，伝達関数の次数は高くなる. すなわち，分母多項式の s の次数が大きくなる. しかし，その複数の特性も以下で紹介する基本要素（比例要素，積分要素，微分要素，1次遅れ要素，1次進み要素，むだ時間要素）に分解できる. ここでは，それぞれの要素の周波数特性を解説する. ただし，2次遅れ要素については 9.2 節で説明する.

8.4.1 比例要素

比例要素の伝達関数は以下で表される.

$$G(s) = K \tag{8.11}$$

周波数応答は入力 $u(t) = A\sin\omega t$ を定数倍（K 倍）したものとなる. ゲインは角周波数 ω に関係なく一定値となるが，K の大きさによって 3 つに分けられる.

(1) $K = 1$ ならば，出力と入力の振幅は同じとなり，ゲインは
$20\log_{10} 1 = 20 \times 0 = 0\,[\mathrm{dB}]$ となる.

106

(2) $K > 1$ ならば，出力の振幅は入力の振幅より大きくなり，ゲインは $20\log_{10} K$ [dB]，つまり正の値をとる．
(3) $0 < K < 1$ ならば，出力の振幅は入力の振幅より小さくなり，ゲインは $20\log_{10} K$ [dB]，つまり負の値となる．

また位相は，角周波数 ω に関係なく変わらない．以上から，比例要素のボード線図は図 8.5 となる．

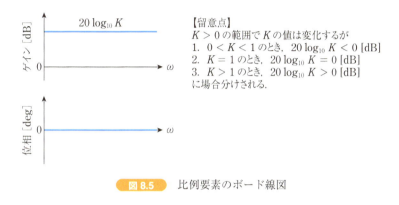

図 8.5　比例要素のボード線図

8.4.2　微分要素

微分要素の伝達関数は以下で表される．

$$G(s) = s \tag{8.12}$$

周波数応答は入力 $u(t) = A\sin\omega t$ を微分したものとなる．したがって，以下の性質が知られている．

(1) 角周波数が $\omega < 1$ ならば，出力の振幅は入力の振幅より小さくなる．
(2) 角周波数が $\omega > 1$ ならば，出力の振幅は入力の振幅より大きくなる．
(3) $\sin\left(\omega t + \dfrac{\pi}{2}\right) = \cos\omega t$ から，位相は常に 90 [deg] 進む．

よって，微分要素のボード線図は図 8.6 となり，ゲイン線図では右上がりの直線で示される．値は式 (8.12) の s に ω を代入して対数をとり 20 倍したもの，

すなわち $20\log_{10}\omega$ となる．この傾きは，8.2.1 節で述べたデシベル [dB] および 8.3.1 節で述べたデカード [dec] を用いた単位 [dB/dec] にて表現される．

8.4.3 積分要素

積分要素の伝達関数は以下で表される．

$$G(s) = \frac{1}{s} \tag{8.13}$$

周波数応答は入力 $u(t) = A\sin\omega t$ を積分したものとなる．したがって，以下の性質が知られている．

(1) 角周波数が $\omega < 1$ ならば，出力の振幅は入力の振幅より大きくなる．
(2) 角周波数が $\omega > 1$ ならば，出力の振幅は入力の振幅より小さくなる．
(3) $\sin\left(\omega t - \dfrac{\pi}{2}\right) = -\cos\omega t$ から，位相は常に 90 [deg] 遅れる．

よって，積分要素のボード線図は図 8.7 となり，ゲイン線図では右下がりの直線で示される．値は式 (8.13) の s に ω を代入して対数をとり 20 倍したもの，すなわち $20\log_{10}\dfrac{1}{\omega} = -20\log_{10}\omega$ となる．

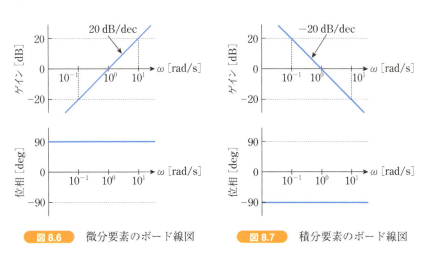

図 8.6　微分要素のボード線図　　図 8.7　積分要素のボード線図

8.4.4　1次遅れ要素

1次遅れ要素の伝達関数は

$$G(s) = K\frac{1}{Ts+1} \tag{8.14}$$

で表され，その周波数応答は以下で表される．

$$y(t) = K\frac{1}{\sqrt{(\omega T)^2+1}}A\sin(\omega t - \tan^{-1}\omega T) \tag{8.15}$$

図 8.8 のボード線図は $K=10, T=1$ の場合である．図 8.9 は $K=10$ として T の値を変化させたときのボード線図の変化の様子である．$T=0.1, 1, 10$ のときの周波数応答 $y(t)$ はそれぞれ以下で表される．

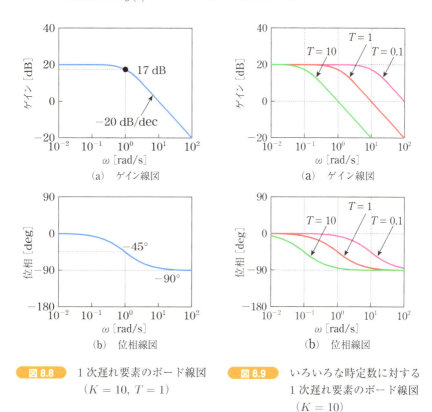

図 8.8　1次遅れ要素のボード線図 ($K=10, T=1$)

図 8.9　いろいろな時定数に対する1次遅れ要素のボード線図 ($K=10$)

第 8 章 ◆ 周波数特性とボード線図

(1) $T = 0.1$ のとき：$y(t) = K \dfrac{1}{\sqrt{0.01\omega^2 + 1}} A \sin(\omega t - \tan^{-1} 0.1\omega)$

(2) $T = 1$ のとき：$y(t) = K \dfrac{1}{\sqrt{\omega^2 + 1}} A \sin(\omega t - \tan^{-1} \omega)$

(3) $T = 10$ のとき：$y(t) = K \dfrac{1}{\sqrt{100\omega^2 + 1}} A \sin(\omega t - \tan^{-1} 10\omega)$

それでは，$K = 10$ として (1)〜(3) の場合についてさらに詳しく見てみよう．

(1) $T = 0.1$ の場合：

　・$\omega \leq 0.1 (= 10^{-1})$：振幅比はおおよそ 1．ゲインはおおよそ $20\,[\mathrm{dB}]$．

　・$\omega = 1$：振幅比はおおよそ 1．

　・$\omega = 10$：振幅比は $\dfrac{1}{\sqrt{2}}$．ゲインはおおよそ $20 - 3 = 17\,[\mathrm{dB}]$．

　・$\omega = 100$：振幅比はおおよそ $\dfrac{1}{10}$．ゲインはおおよそ $-20\,[\mathrm{dB}]$．

(2) $T = 1$ の場合：

　・$\omega \leq 0.1 (= 10^{-1})$：振幅比はおおよそ 1．ゲインはおおよそ $20\,[\mathrm{dB}]$．

　・$\omega = 1$：振幅比は $\dfrac{1}{\sqrt{2}}$．ゲインはおおよそ $17\,[\mathrm{dB}]$．

　・$\omega = 10$：振幅比はおおよそ $\dfrac{1}{10}$．ゲインはおおよそ $-20\,[\mathrm{dB}]$．

　・$\omega = 100$：振幅比はおおよそ $\dfrac{1}{100}$．ゲインはおおよそ $-40\,[\mathrm{dB}]$．

(3) $T = 10$ の場合：

　・$\omega \leq 0.01 (= 10^{-2})$：振幅比はおおよそ 1，ゲインはおおよそ $20\,[\mathrm{dB}]$．

　・$\omega = 0.1$：振幅比は $\dfrac{1}{\sqrt{2}}$．ゲインはおおよそ $17\,[\mathrm{dB}]$．

　・$\omega = 1$：振幅比はおおよそ $\dfrac{1}{10}$．ゲインはおおよそ $-20\,[\mathrm{dB}]$．

　・$\omega = 10$：振幅比はおおよそ $\dfrac{1}{100}$．ゲインはおおよそ $-40\,[\mathrm{dB}]$．

T [s] \\ ω [rad/s]	10^{-3}	10^{-2}	10^{-1}	10^0	10^1	10^2	10^3
0.1	1	1	1	1	$\frac{1}{\sqrt{2}}$	$\frac{1}{10}$	$\frac{1}{10^2}$
1	1	1	1	$\frac{1}{\sqrt{2}}$	$\frac{1}{10}$	$\frac{1}{10^2}$	$\frac{1}{10^3}$
10	1	1	$\frac{1}{\sqrt{2}}$	$\frac{1}{10}$	$\frac{1}{10^2}$	$\frac{1}{10^3}$	$\frac{1}{10^4}$

表 8.2 T と ω の変化にともなう振幅比の値

以上をまとめると，T と ω の変化にともなう振幅比は**表 8.2** となる．また，位相の変化については，T が大きい値になるほど，逆に角周波数 ω が小さい値において変化が始まり，その値は $\tan^{-1}\omega T$ が変化して -90 [deg] に漸近する．ここで重要な点は，T が増減しても角周波数 ω に対応する応答の振幅が変化するだけであり，ボード線図に示される基本的な振る舞いは変わらないことである．なお，図 8.8，図 8.9 の位相線図は $-\tan^{-1}\omega T$ の値がプロットされている．

8.4.5　1 次遅れ要素の折れ線近似

図 8.10 は，$K=1, T=1$ における 1 次遅れ要素のボード線図である．ここでの特徴は以下の通りである．

(1) 角周波数 ω が $\dfrac{1}{T}$ の値まで，ゲインはほぼ 0 [dB]．

(2) 角周波数 ω が $\dfrac{1}{T}$ の値以降は，-20 [dB/dec] の傾きでゲインが低下する．

(3) 角周波数 ω が $\dfrac{1}{T}$ の値では，ちょうど位相が -45 [deg] を通過する右下がりの接線で描かれている．

図 8.10 の赤破線は，このボード線図を直線近似しており，折れ線近似とよばれる．ここで，時定数 T の逆数 $\dfrac{1}{T}$ の値を折れ点周波数あるいは遮断周波数とよぶ．折れ点周波数のとき，ゲインは $20\log_{10}\dfrac{1}{\sqrt{2}} \fallingdotseq -3$ [dB] となり，

位相は 45 [deg] 遅れる．このことから，1 次遅れ要素では K と T の値を知るとゲイン線図の概略を折れ線近似で描くことができる．したがって，時定数 T と折れ点周波数の関係をよく理解してほしい．

8.4.6　1 次進み要素

1 次進み要素の伝達関数は

$$G(s) = Ts + 1 \tag{8.16}$$

で表され，その周波数応答は以下で表される．

$$y(t) = \sqrt{(\omega T)^2 + 1} A \sin(\omega t + \tan^{-1} \omega T) \tag{8.17}$$

このとき，1 次遅れ要素の周波数応答と同じように考えるならば，式 (8.17)

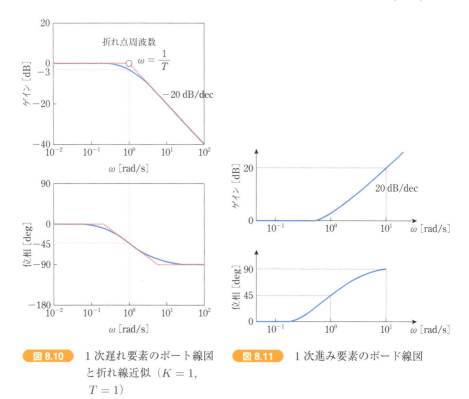

図 8.10　1 次遅れ要素のボード線図と折れ線近似（$K = 1$, $T = 1$）

図 8.11　1 次進み要素のボード線図

より 1 次進み要素の特徴は以下の通りである.

(1) 角周波数 ω が小さい値ならば，入力と出力の振幅比はほぼ同じである.
(2) 角周波数 ω が大きい値ならば，出力の振幅が入力の振幅より大きくなる.
(3) 角周波数 ω が大きくなると，位相は $90\,[\mathrm{deg}]$ 進む（1 次遅れ要素の場合の逆となる）.

これより 1 次進み要素のボード線図は図 8.11 となる.

8.4.7　むだ時間要素

ある時刻 t に入力 $u(t)$ を加えたとき，その入力が時間 τ だけ遅れて出力 $y(t)$ に影響をおよぼすことがある．すなわち，

$$y(t) = u(t - \tau) \tag{8.18}$$

となる．この τ をむだ時間とよび，このような要素をむだ時間要素という．式 (8.18) の両辺をラプラス変換すると，以下が得られる．

$$Y(s) = \mathrm{e}^{-\tau s} U(s) \tag{8.19}$$

よって，むだ時間要素の伝達関数は

$$G(s) = \frac{Y(s)}{U(s)} = \mathrm{e}^{-\tau s} \tag{8.20}$$

で表され，その周波数応答は以下で表される．

$$G(j\omega) = \mathrm{e}^{-j\omega\tau} \tag{8.21}$$

よって，ゲイン特性と位相特性はそれぞれ

$$g(\omega) = 20\log_{10}|\mathrm{e}^{-j\omega\tau}| = 0\,[\mathrm{dB}], \quad \phi(\omega) = -\omega\tau\,[\mathrm{rad}] \tag{8.22}$$

となる [*4][*5]．図 8.12 は $\tau = 1.0$ の場合のボード線図である．図 8.12 から明

[*4] $|\mathrm{e}^{-j\omega\tau}| = \sqrt{\cos^2\omega\tau + \sin^2\omega\tau} = \sqrt{1} = 1$. したがって $20\log_{10}1 = 0$.

[*5] $\phi(\omega) = -\tan^{-1}(\mathrm{e}^{j\omega\tau}) = -\tan^{-1}\left(\dfrac{\sin\omega\tau}{\cos\omega\tau}\right) = -\tan^{-1}\left(\tan\dfrac{\omega\tau}{\omega\tau}\right) = -\omega\tau$.

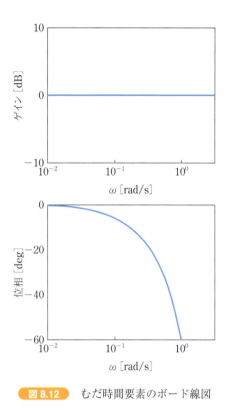

図 8.12 むだ時間要素のボード線図

らかなように,むだ時間要素のゲインは常に 1($= 0\,[\mathrm{dB}]$) となるため,全域通過関数あるいはインナー関数とよばれる.一方,位相は角周波数に比例して遅れる.

以上,**表 8.3** に主な基本要素のボード線図をまとめる.ただし,2 次遅れ要素以外のゲイン特性,位相特性ともに折れ線近似で描いている.

8.4　基本要素の周波数特性

表8.3　ボード線図のまとめ

要素	伝達関数 $G(s)$	g：ゲイン特性〔dB〕	ϕ：位相特性〔deg〕
比例	K	$20 \log K$	
微分	s	$20\ \mathrm{dB/dec}$	90
積分	$\dfrac{1}{s}$	$-20\ \mathrm{dB/dec}$	-90
1次進み	$Ts+1$	$20\ \mathrm{dB/dec}$	90
1次遅れ	$\dfrac{1}{Ts+1}$	$-20\ \mathrm{dB/dec}$	-90
2次遅れ	$\dfrac{\omega_n{}^2}{s^2+2\zeta\omega_n s+\omega_n{}^2}$		-180

章末問題

8.1 つぎの文章中の空欄を埋めなさい.

　問1　システムの試験信号（入力）として（　　　　　　　　）を加えた
　　　　とき, その応答を（　　　　　　　　）という.

　問2　ボード線図では, 横軸の（　　　　　　　　）を対数目盛りでとり,
　　　　縦軸に（　　　　　　）と（　　　　　　　　）を別々に表現す
　　　　る. これにより入力に対するシステムの応答の（　　　　　　　）
　　　　および（　　　　　　　）の特性を直観的に理解できる.

　問3　（　　　　　　　　）は, それぞれ特徴的な周波数特性を示す. た
　　　　とえば, 1次遅れ要素においては入力の角周波数の増加にともな
　　　　い, 振幅は（　　　　　　　　）, 位相は（　　　　　　　　）.

115

第 8 章 ◆ 周波数特性とボード線図

問 4 片対数グラフの横軸において，10 倍の間隔を（　　　　　　　　）といい，英語で書くと（　　　　　　　　）である．

8.2 1 次遅れ系の周波数応答について各問に答えなさい．

問 1 時定数：T，ゲイン：K（$K > 0$）の極の実部が負となる安定な 1 次遅れ系の伝達関数 $G(s)$ を答えなさい．

問 2 伝達関数 $G(s)$ に入力 $u(t) = A \sin \omega t$ が加えられたとき，その応答は

$$y(t) = B \sin(\omega t + \phi)$$

で表される．このとき，つぎの文章中の空欄を埋めなさい．

i) （　　　　　　　），（　　　　　　　）ともに基本波形は（　　　　　　　）である．

ii) 出力の振幅 B は入力の振幅 A の（$K\dfrac{}{\sqrt{}}$）倍となる．

iii) 正弦波の位相は（　　　　　　　　　）[deg] ずれる．

8.3 伝達関数 $G(s) = \dfrac{1}{s-3}$ は不安定なシステムとなるが，このとき周波数応答を測定できない理由を述べなさい．

8.4 つぎの基本要素の周波数特性についてボード線図のゲイン特性を描きなさい．

i) 比例要素 $G_1(s) = K$　　（$K = 10$）

ii) 積分要素 $G_2(s) = \dfrac{1}{s}$

iii) 微分要素 $G_3(s) = s$

iv) 1 次進み要素 $G_4(s) = Ts + 1$（$T = 10$）

8.5 1 次遅れ要素 $G(s) = \dfrac{K}{Ts+1}$ について，$K = 1$ として $T = 0.1, 10$ のボード線図を描きなさい．なおゲイン特性は折れ線近似を使うこと．

第9章

ボード線図の合成と2次遅れ系の周波数特性

8章では,基本要素の性質を述べたが,この性質をうまく利用する手立てはないものであろうか.高次の伝達関数を,それぞれの基本要素に分解できれば,それらを足し合わせれば(合成すれば)よいことが知られている.しかも,ゲイン特性は折れ線近似で精度よく手軽に作図できる.本章では,ボード線図の具体的な活用法について解説する.続いて,2次遅れ系の周波数特性とその代表例といえる共振現象についても説明する.

9.1 ボード線図の合成

9.1.1 伝達関数の分解

もしも,動的システムの特性が高次の伝達関数で表されていても,伝達関数を低次の要素に分解できるならば,その周波数特性を合成することにより,複雑そうに見える伝達関数の周波数特性が容易に得られる.図 9.1 は伝達関数の分解の様子を示したものである.

伝達関数 $G(s)$ の周波数応答を調べてみよう.入力 $U(s)$ として正弦波を加えたと仮定する.伝達関数が図 9.1 のように分解できるならば,まず,伝達関数 $G_2(s)$ の特性に従った $Y_2(s)$(任意の振幅と角周波数をもつ正弦波 $y_2(t)$ のラプラス変換)が出力される.つづいて,$Y_2(s)$ が伝達関数 $G_1(s)$ の入力として加わり,$Y_1(s)(=Y(s))$ が出力される.ここで,これらを逆ラプラス変換し,$u(t)$ の振幅を A, $y_2(t)$ の振幅を B, $y_1(t) = y(t)$ の振幅を C とすると,入力 $u(t)$ と出力 $y(t)$ の振幅比は

図 9.1 伝達関数の分解

第 9 章 ◆ ボード線図の合成と 2 次遅れ系の周波数特性

$$\frac{C}{A} = \frac{C}{B} \times \frac{B}{A} \tag{9.1}$$

となる．周波数特性のゲインは以下の対数によって計算され，式 (8.7) より以下の足し算の関係が成り立つ．これは，とても重要な点である．

$$g = g_1 + g_2 \quad \left(g = 20 \log_{10} \frac{C}{A},\ g_1 = 20 \log_{10} \frac{C}{B},\ g_2 = 20 \log_{10} \frac{B}{A} \right) \tag{9.2}$$

同様に，位相線図も $G_1(s), G_2(s)$ の位相特性を単純に足し合わせた特性になる．

9.1.2　2 次遅れ系のボード線図の合成

では，例題を通して伝達関数 $G(s)$ のボード線図を描くことを考えよう．

例題 9.1

2 次遅れ系の伝達関数

$$G(s) = \frac{1}{10s^2 + 11s + 1} = \frac{1}{(10s + 1)(s + 1)} \tag{9.3}$$

のボード線図を折れ線近似を用いて描きなさい．

解答

式 (9.3) は以下の通りに分解できることを利用して，$G_1(s), G_2(s)$ それぞれの周波数特性を考えてみよう．

$$G(s) = G_1(s)G_2(s), \quad G_1(s) = \frac{1}{10s + 1}, \quad G_2(s) = \frac{1}{s + 1} \tag{9.4}$$

(1) $G_1(s) = \dfrac{1}{10s + 1}$ の周波数特性を考える．これは 1 次遅れ要素の周波数特性と同じであり，ゲイン線図の●マークは折れ点周波数である．

  i) ゲインは，$10^{-1}\,[\mathrm{rad/s}]$ までおおよそ $0\,[\mathrm{dB}]$ で，$10^{-1}\,[\mathrm{rad/s}]$ から $-20\,[\mathrm{dB/dec}]$ の傾きで減少する（図 9.2）．

  ii) 位相は，$G_1(s)$ の折れ点周波数（$10^{-1}\,[\mathrm{rad/s}]$）で $-45\,[\mathrm{deg}]$

となる.

(2) $G_2(s) = \dfrac{1}{s+1}$ の周波数特性を考える. $G_1(s)$ と同様に, 1次遅れ要素の周波数特性であり, ゲイン線図の◇マークは折れ点周波数である.

  i) ゲインは, 10^0 [rad/s] までおおよそ 0 [dB] で, 10^0 [rad/s] から -20 [dB/dec] の傾きで減少する (図 9.3).
  ii) 位相は, $G_2(s)$ の折れ点周波数 ($10^0 = 1$ [rad/s]) で -45 [deg] となる.

以上から, $G_1(s)$ と $G_2(s)$ の位相特性は 1 次遅れ要素の位相特性と同じであることがわかる.

(3) 式 (9.2) より, $G(s)$ のゲインは $G_1(s)$ と $G_2(s)$ のゲインを足し合わせることによって得る. まず, 式 (9.3) の $G(s)$ のゲインの要点は以下となる.

  i) 10^{-1} [rad/s] より小さい角周波数では 0 [dB].
  ii) $10^{-1} \sim 10^0$ [rad/s] では -20 [dB/dec] で減少.
  iii) 10^0 [rad/s] より大きな角周波数では -40 [dB/dec] $= (-20) + (-20)$ [dB/dec] で減少.

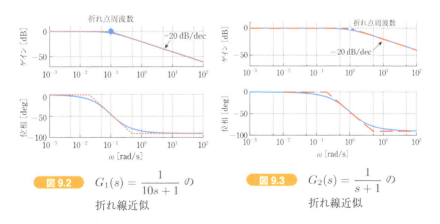

図 9.2 $G_1(s) = \dfrac{1}{10s+1}$ の折れ線近似

図 9.3 $G_2(s) = \dfrac{1}{s+1}$ の折れ線近似

第 9 章 ◆ ボード線図の合成と 2 次遅れ系の周波数特性

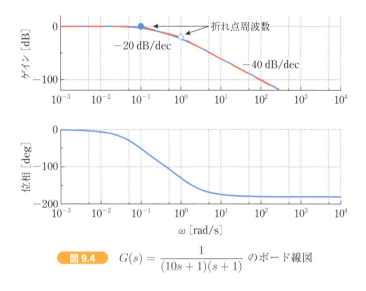

図 9.4　$G(s) = \dfrac{1}{(10s+1)(s+1)}$ のボード線図

また，位相の要点は以下となる．
 i) $G_1(s)$ の折れ点周波数（$10^{-1}\,[\mathrm{rad/s}]$）では $-45\,[\mathrm{deg}]$．
 ii) $10^0\,[\mathrm{rad/s}]$ 付近では $-90\,[\mathrm{deg}]$．
 iii) $G_2(s)$ の折れ点周波数（$10^0\,[\mathrm{rad/s}]$）では $-135\,[\mathrm{deg}] = (-90\,[\mathrm{deg}]) + (-45\,[\mathrm{deg}])$．
 iv) $10^2\,[\mathrm{rad/s}]$ 付近では $-180\,[\mathrm{deg}] = (-90\,[\mathrm{deg}]) + (-90\,[\mathrm{deg}])$．

(4) これにより，式 (9.3) のボード線図は図 9.4 となる．ゲイン線図中の●は $G_1(s)$，◇は $G_2(s)$ の折れ点周波数を示し，実線はボード線図，破線は折れ線近似となる． □

例題 9.2

2 次遅れ系の伝達関数

$$G(s) = \frac{100(s+1)}{s(s+10)} \tag{9.5}$$

のボード線図を折れ線近似を用いて描きなさい．

解答

伝達関数 $G(s)$ はゲイン $K=10$ も1つの要素 $G_1(s)$ と見なすと，以下の4つの要素にわけることができる．また，式の変形もよく眺めてほしい．

$$G(s) = G_1(s)G_2(s)G_3(s)G_4(s) \tag{9.6}$$

ここで

$$G_1(s) = 10, \ G_2(s) = \frac{1}{s}, \ G_3(s) = \frac{1}{0.1s+1}, \ G_4(s) = s+1 \tag{9.7}$$

である．図9.5は，各要素のゲイン線図の折れ線近似を描いたものである．図9.6の青色の実線は各要素の折れ線近似の足し合わせであり，赤色の破線は実際の応答を示したものである．最初の折れ点周波数 $10^0\,[\mathrm{rad/s}]$ では，積分要素 $G_2(s)$ と1次進み要素 $G_4(s)$ とがちょうど同じ勾配のゲインを与えるので，1次遅れ要素 $G_3(s)$ の折れ点周波数 $10^1\,[\mathrm{rad/s}]$ まで互いの値を打ち消し合う平らな状態が続いている．

また，図9.7は，各要素の位相線図の折れ線近似を描いたものである．図9.8の青色の実線は各要素の折れ線近似の足し合わせであり，赤色の破線は実際の応答を示したものである．とくに，1次進み要素 $G_4(s)$ は折れ点周波数で $45\,[\mathrm{deg}]$ 進むので，$G(s)$ は $\omega = 10^{-1} \sim 10^1\,[\mathrm{rad/s}]$ 付近で位相の

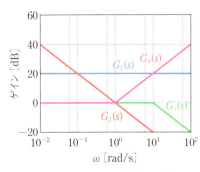
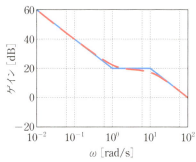

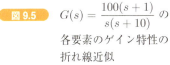

図9.5　$G(s) = \dfrac{100(s+1)}{s(s+10)}$ の各要素のゲイン特性の折れ線近似

図9.6　$G(s) = \dfrac{100(s+1)}{s(s+10)}$ のゲイン線図（折れ線近似と応答）

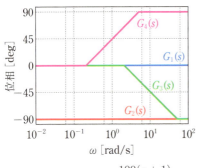

図9.7　$G(s) = \dfrac{100(s+1)}{s(s+10)}$ の各要素の位相特性の折れ線近似

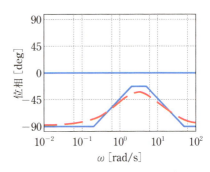

図9.8　$G(s) = \dfrac{100(s+1)}{s(s+10)}$ の位相線図（折れ線近似と応答）

進みが読み取られ，ω が大きい値では $G_2(s), G_3(s), G_4(s)$ の位相特性をすべて足し合わせた $-90\,[\mathrm{deg}] = (-90\,[\mathrm{deg}]) + (-90\,[\mathrm{deg}]) + (90\,[\mathrm{deg}])$ に漸近している． □

9.2　2次遅れ系の周波数応答と共振現象

ここでは，2次遅れ系の周波数特性ならびに共振現象についてを解説する．

9.2.1　2次遅れ系のボード線図の描き方

最初に，2次遅れ系の周波数特性について概略をおさえておこう．2次遅れ系の一般形の伝達関数は以下で表される．

$$G(s) = \frac{K\omega_n^2}{s^2 + 2\zeta\omega_n s + \omega_n^2} \tag{9.8}$$

では，具体的に，以下の2次遅れ系について考えることにしよう．

$$G(s) = \frac{1}{s^2 + 0.6s + 1} \tag{9.9}$$

$$G(s) = \frac{1}{(10s+1)(0.2s+1)} \tag{9.10}$$

まず，式 (9.9) と式 (9.8) を見比べると，$K=1, \zeta=0.3, \omega_n=1\,[\mathrm{rad/s}]$ と

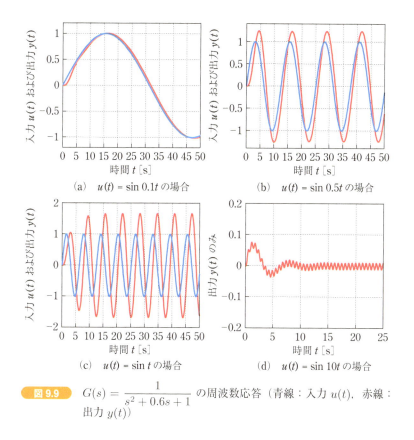

図 9.9 $G(s) = \dfrac{1}{s^2 + 0.6s + 1}$ の周波数応答（青線：入力 $u(t)$，赤線：出力 $y(t)$）

見なすことができる．図 9.9 は式 (9.9) の周波数応答である．これによると，入力の角周波数 ω が大きくなると（(a) → (d)），出力（赤線）が小さくなることがわかる．縦軸のスケールの関係から図 9.9 (d) では入力 $u(t) = \sin 10t$ の描画をとりやめ 0～25 [s] の区間の出力のみを描画している．つぎに，図 9.10 は式 (9.10) の周波数応答である．これによると，出力の振幅が入力の振幅より大きくなることはない．しかし，図 9.9 をこの観点から再度眺めてみると，角周波数 $\omega = 0.5, 1$ [rad/s]（図 9.9(b)(c)）では出力の振幅が入力の振幅より大きくなっている．では，なぜこのようなことが起きるのであろうか．この理由を例題を通して調べてみることにしよう．

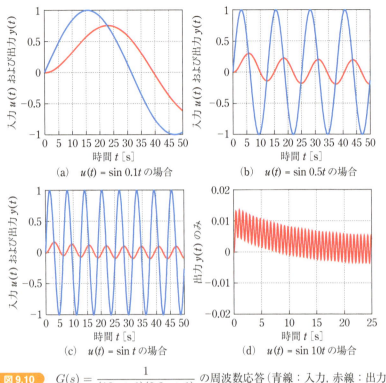

図9.10 $G(s) = \dfrac{1}{(10s+1)(0.2s+1)}$ の周波数応答（青線：入力，赤線：出力）

例題 9.3

2次遅れ系の伝達関数

$$G(s) = \frac{100s + 100}{s^2 + 10s} \tag{9.11}$$

のボード線図を描きなさい．

解答

◆ 各要素の積に伝達関数を分解する．

$$G(s) = \frac{100s + 100}{s^2 + 10s} = \frac{100(s+1)}{s(s+10)} \tag{9.12}$$

◆ 時定数 T を求めるために規格化を行う．

$$G(s) = \frac{100(s+1)}{s(s+10)} = \frac{\dfrac{100(s+1)}{10}}{\dfrac{s(s+10)}{10}} = \frac{10(s+1)}{s\left(\dfrac{1}{10}s+1\right)} \quad (9.13)$$

◆ 各要素のゲイン線図を描く（例題 9.2 と同じである）．

$$G(s) = 10 \cdot \frac{1}{s} \cdot \left(\frac{1}{0.1s+1}\right) \cdot (s+1) = G_1(s)G_2(s)G_3(s)G_4(s) \quad (9.14)$$

◆ ゲイン線図を合成する（図 9.11）．図中青線が実際に合成された $G(s)$ のゲイン線図である．比較のために手描きでゲイン線図を合成したのが図 9.12 であり，学生の講義ノートから許可を得て掲載した．図 9.13 は同じものを制御系 CAD で描画したものである．制御系 CAD を用いるとボード線図の作図はもちろん手軽にできるが，手書きによる解析手法を知っておくと理解が深まる．少なからず一度は手書きの経験を積んでおきたいところである． □

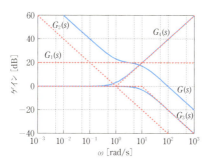

図 9.11 $G(s) = \dfrac{100s+100}{s^2+10s}$ のゲイン線図の合成

第 9 章 ◆ ボード線図の合成と 2 次遅れ系の周波数特性

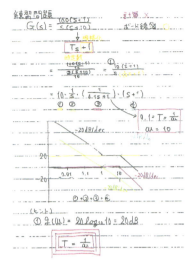

図 9.12 手描きでゲイン線図を合成

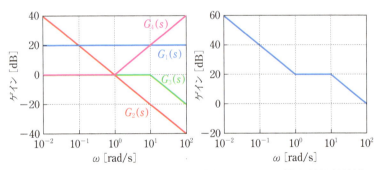

(a) 各要素のゲイン線図（折れ線近似）　(b) $G(s)$ のゲイン線図（折れ線近似）

図 9.13 制御系 CAD（scilab）でゲイン線図を合成

例題 9.4

つぎの 1 次遅れ系の伝達関数に (1)〜(4) の信号が入力されるとき，ゲインと位相はどのように出力されるかボード線図を用いて説明しなさい．

$$G(s) = \frac{1}{1+10s} \tag{9.15}$$

(1)　$u(t) = \sin 0.001t$　　(2)　$u(t) = \sin 0.1t$
(3)　$u(t) = \sin t$　　　　(4)　$u(t) = \sin 100t$

解答

図 9.14 より，入力信号がどのような出力となるのか，すなわちゲインの増減，位相の進みや遅れが判定できる．

(1) $u(t) = \sin 0.001t$ のとき

　　図 9.14 中，もっとも左側の縦線（水色）がこのケースに相当する．ゲインの増減および位相の進み遅れはなく，出力は $y(t) = \sin 0.001t$ となる．

(2) $u(t) = \sin 0.1t$ のとき

　　図 9.14 中，左から 2 番目の縦線（緑色）がこのケースに相当する．ゲインは $\dfrac{1}{\sqrt{2}}$ 倍，位相は $45\,[\mathrm{deg}]$ 遅れる．よって，出力は $\dfrac{1}{\sqrt{2}}\sin(0.1t - \dfrac{\pi}{4})$ となる．

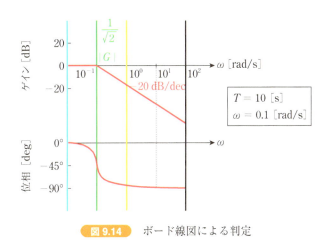

図 9.14　ボード線図による判定

第 9 章 ◆ ボード線図の合成と 2 次遅れ系の周波数特性

(3) $u(t) = \sin t$ のとき

図 9.14 中，左から 3 番目の縦線（黄色）がこのケースに相当する．ゲインは $\dfrac{1}{10}$ 倍，位相はおよそ 90 [deg] 遅れる．よって，出力は $y(t) = \dfrac{1}{10}\sin\left(t - \dfrac{\pi}{2}\right)$ となる．

(4) $u(t) = \sin 100t$ のとき

図 9.14 中，もっとも右側の縦線（黒色）がこのケースに相当する．ゲインは -60 [dB] となるので $\dfrac{1}{1000}$ 倍，位相は 90 [deg] 遅れる．よって，出力は $y(t) = \dfrac{1}{1000}\sin\left(100t - \dfrac{\pi}{2}\right)$ となる． $\square$

以上を，まとめてみよう．実際の動的システムは基本要素のみの特性とはならず，その特性をボード線図に表すと複雑なゲイン線図や位相線図となる．これは，システムが高次の伝達関数となることを意味する．いいかえると，システムの特性を伝達関数で表した場合，分母や分子が s に関して 2 次以上の多項式で表される．しかし，高次の伝達関数となってもゲイン線図は折れ線近似で表されることが多い．よって，この近似より高次の伝達関数 $G(s)$ は比例要素，積分要素，1 次遅れ要素，1 次進み要素などに分解することで，$G(s)$ の詳細を知ることができることがわかった．

9.2.2　ボード線図に見る共振現象

図 9.15 は，式 (9.9) のボード線図であり，今までに見たことのない特徴が存在する．それは，ゲイン線図が 0 [dB] 以上となる周波数領域[*1] が存在することである（図 9.15 のコブの部分）．このように 2 次遅れ系ではゲインが $K = 1$ であっても，ゲイン線図が 0 [dB] を超える場合がある．この現象は共振とよばれ，2 次遅れ系の一般形 (9.8) における減衰比 ζ が $0 < \zeta < \dfrac{1}{\sqrt{2}}$ の場合（不足減衰）において発生する．これは，式 (5.24) の単位ステップ応答

───────────
[*1]　周波数帯域ともよぶ．

に見られたオーバーシュートの成分 $\left(\dfrac{1}{\sqrt{1-\zeta^2}}\right)$ と振動現象の成分（sin）とから生み出される．また，減衰比 ζ が 0 に近いほど共振ピークが大きくなることから，ゲイン線図が $0\,[\mathrm{dB}]$ を超え，応答の最大値もどんどん大きくなる（最大振幅が大きくなる）ことが知られている．または，単位ステップ応答は，減衰比 ζ が $0 < \zeta < \dfrac{1}{\sqrt{2}}$ の場合，大きく振動しながら 1 に向かって収束するという挙動を示している（→図 5.13）．このゲインが最大値となる角周波数を共振周波数 ω_p とよぶ．位相特性に関しては，共振が起きない場合と同様の挙動を示し，角周波数 ω が大きくなるにつれて $-180\,[\mathrm{deg}]$ に漸近する．

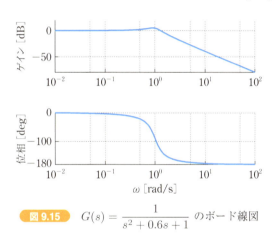

図 9.15 $G(s) = \dfrac{1}{s^2 + 0.6s + 1}$ のボード線図

章末問題

9.1 つぎの文章中の空欄を埋めなさい．

問 1 （　　　　　　）を合成するには，基本的には要素の（　　　　　　）で構成することができ，（　　　　　　）を活用することで容易に表現できる．

問 2 （　　　　　　）の増加にともない，1 次遅れ系の振幅は（　　　　　　）なり，位相は（　　　　　　）．

問 3 2 次遅れ系などの高次系のシステムでは，入力より出力の（　　　　　　　）が大きくなる周波数帯域があり，この現象を（　　　　　　　）とよんでいる．なお，この共振が起きる条件は減衰比が（　　　　　　　）の範囲のときである．

9.2 つぎの伝達関数を基本要素に分解し，ボード線図を折れ線近似で描きなさい．

i) $G(s) = \dfrac{20}{s + 20}$

ii) $G(s) = \dfrac{1}{s(s + 10)}$

iii) $G(s) = \dfrac{s + 100}{(s + 1)(10s + 1)}$

9.3 ゲイン線図の折れ線近似が図 9.16 で与えられる場合の伝達関数を求めなさい（位相特性は考えなくてよい）．

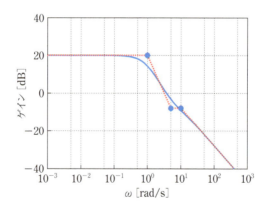

図 9.16　ゲイン線図の折れ線近似

第 10 章

周波数伝達関数とベクトル軌跡

　ボード線図と本章で解説するベクトル軌跡を理解すれば，周波数特性の解析において，さしずめ強力なアイテムを 2 つ持ち得たと考えてよい．本章では，まず 8 章で述べた伝達関数のゲインや位相の結果について，導出の過程から解説する．続いて，周波数伝達関数とベクトル軌跡について述べる．

10.1　周波数伝達関数

　もしもあらかじめ伝達関数がわかっている場合は，周波数特性を知る方法として動的システムの周波数応答ではなく，周波数伝達関数を調べる手法がある．周波数伝達関数とは，伝達関数 $G(s)$ の s を $j\omega$ に置き換えた $G(j\omega)$ のことである．ここで，j は虚数単位，ω は角周波数である．

10.1.1　1 次遅れ系の周波数伝達関数

　ボード線図は周波数特性を理解するうえで強力な手法であることを 8 章で述べた．ここではもう少しその背景を詳しく調べてみよう．つぎの 1 次遅れ系の周波数伝達関数を求めてみよう．

$$G(s) = \frac{K}{Ts + 1} \tag{10.1}$$

式 (10.1) の s に $j\omega$ を代入して共役複素数をかけて分母を実数化[*1]すると，以下の通りとなる．

$$\begin{aligned}
G(j\omega) &= \frac{K}{j\omega T + 1} = \frac{K(-j\omega T + 1)}{(j\omega T + 1)(-j\omega T + 1)} \\
&= \frac{K(1 - j\omega T)}{(\omega T)^2 + 1} = \frac{K}{(\omega T)^2 + 1} - j\frac{K\omega T}{(\omega T)^2 + 1}
\end{aligned} \tag{10.2}$$

式 (10.2) を実部と虚部に分離すると以下に表される．

[*1]　「有理化」の方が聞き馴染みがあるかもしれない．

第 10 章 ◆ 周波数伝達関数とベクトル軌跡

$$\begin{cases} \textbf{実部}：\text{Re}[G(j\omega)] = \dfrac{K}{(\omega T)^2 + 1} \\[4mm] \textbf{虚部}：\text{Im}[G(j\omega)] = -\dfrac{K\omega T}{(\omega T)^2 + 1} \end{cases} \tag{10.3}$$

また，$G(j\omega)$ の大きさ（絶対値）$|G(j\omega)|$ と偏角 $\angle G(j\omega)$ はそれぞれ以下で定義される（1.1.4 節参照）.

$$\begin{aligned} \textbf{大きさ}：|G(j\omega)| &= \sqrt{(\text{Re}[G(j\omega)])^2 + (\text{Im}[G(j\omega)])^2} \\[2mm] &= \sqrt{K^2 \left\{ \left(\frac{1}{(\omega T)^2 + 1} \right)^2 + \left(\frac{-\omega T}{(\omega T)^2 + 1} \right)^2 \right\}} \\[2mm] &= K\sqrt{\frac{(\omega T)^2 + 1}{\{(\omega T)^2 + 1\}^2}} = K\frac{1}{\sqrt{(\omega T)^2 + 1}} \end{aligned} \tag{10.4}$$

$$\textbf{偏角}：\angle G(j\omega) = \tan^{-1} \frac{\text{Im}[G(j\omega)]}{\text{Re}[G(j\omega)]} = \tan^{-1} \frac{-\dfrac{K\omega T}{(\omega T)^2 + 1}}{\dfrac{K}{(\omega T)^2 + 1}} = -\tan^{-1} \omega T \tag{10.5}$$

どちらの式も重要であるので，演習問題に準じる位置づけで自主的に導出してみてほしい. ここで，8 章で触れた 1 次遅れ系の周波数応答

$$y(t) = K\frac{1}{\sqrt{(\omega T)^2 + 1}} A\sin(\omega t - \tan^{-1} \omega T) = B\sin(\omega t + \phi) \tag{10.6}$$

を周波数伝達関数の観点から整理してみよう.

1 次遅れ系の周波数応答とは以下の通りであった.

(1) 正弦波 $u(t) = A\sin\omega t$ を入力として加えたときの応答が式 (10.6) である.

(2) 応答の振幅は入力の振幅 A の $K\dfrac{1}{\sqrt{(\omega T)^2 + 1}}$ 倍となる.

(3) 位相（偏角）は $-\tan^{-1} \omega T$ ずれる.

これより，周波数伝達関数の大きさ（式 (10.4)）と偏角（式 (10.5)）がこれらとまったく等しいことがわかる．よって，周波数伝達関数と周波数特性（ボード線図）が密接な関連性をもつことが想像できる．式 (10.6) より

$$B = K \frac{1}{\sqrt{(\omega T)^2 + 1}} A \tag{10.7}$$

であり，

$$g = 20 \log_{10} \frac{B}{A}$$

に式 (14.10) を代入してみよう．式 (10.4) からゲイン g は以下で表される．

$$g = 20 \log_{10} \frac{B}{A} = 20 \log_{10} \frac{K}{\sqrt{(\omega T)^2 + 1}} = 20 \log_{10} |G(j\omega)| \quad \text{[dB]} \tag{10.8}$$

また，偏角は位相 ϕ として以下で表される．

$$\phi = \angle G(j\omega) \quad \text{[deg]} \tag{10.9}$$

よって，周波数伝達関数から計算されたゲインの式 (10.8) と位相（偏角）の式 (10.9) で得られる値によって，ボード線図を描くことができる．これらは 1 次遅れ系に限ったことではなく，さらに高次の動的システムにおいても用いることができる．最後に，大きさ $|G(j\omega)|$ と偏角 $\angle G(j\omega)$ を使って，1 次遅れ系の周波数応答を表してみると，

$$y(t) = |G(j\omega)| A \sin(\omega t + \angle G(j\omega)) \tag{10.10}$$

となり，図 10.1 のようなイメージとなる[*2]．また $\omega = 0$ のときの周波数伝達関数の大きさは定常ゲインとよばれる．

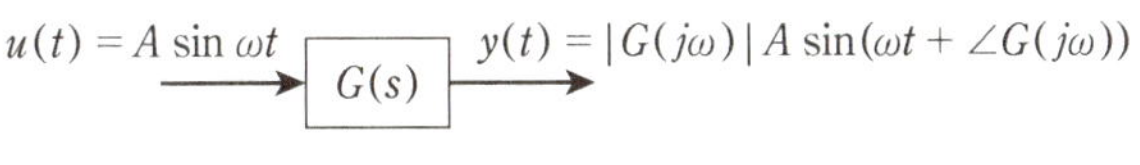

$$u(t) = A \sin \omega t \longrightarrow \boxed{G(s)} \longrightarrow y(t) = |G(j\omega)| A \sin(\omega t + \angle G(j\omega))$$

図 10.1　式 (10.10) の表現

10.1.2　周波数伝達関数よりゲインおよび位相（偏角）を求める方法

　1 次遅れ系のゲインおよび位相（偏角）を求める際，周波数伝達関数の分

[*2]　こちらも，高次の伝達関数においても成り立つ．

第 10 章 ◆ 周波数伝達関数とベクトル軌跡

母にある複素数を嫌って，分母・分子に共役複素数をかけることで分母を実
数化したが，実はそうしなくてもよい簡便な方法がある．それについて紹介し
よう．手順は，以下の通りである．

(1) 分子と分母のそれぞれの大きさを計算する．
(2) 大きさ $|G(j\omega)|$ は，(1) で求めた分子の大きさを，分母の大きさで割っ
て求める．
(3) 位相（偏角）ϕ は，分子，分母の位相を別々に計算し，分子の位相（偏
角）から分母の位相（偏角）を引いて，全体の位相（偏角）遅れを求
める．

この方法で得られた大きさ $|G(j\omega)|$ および位相（偏角）ϕ によって，次節
で紹介するベクトル軌跡を描くことができる．では，以下の例題で 1 次遅れ
系および 2 次遅れ系それぞれの大きさおよび位相（偏角）の求め方を確かめ
てみよう．

例題 10.1

1 次遅れ系の伝達関数 $G(s) = \dfrac{K}{Ts + 1}$ の大きさおよび位相（偏角）を
求めなさい．

解答

1 次遅れ系 $G(s) = \dfrac{K}{Ts + 1}$ の伝達関数に $s = j\omega$ を代入して，周波数伝

達関数 $G(j\omega) = \dfrac{K}{jT\omega + 1}$ を得る．簡便な方法に基づくと

- 分子の大きさは，実部 K がそのままであるから K となる．
- 分母の大きさは，絶対値の計算となり以下となる．
$$\sqrt{(\text{実部 Re})^2 + (\text{虚部 Im})^2} = \sqrt{1^2 + (T\omega)^2}$$
- 大きさ $|G(j\omega)|$ は分子の大きさを分母の大きさで割って，
$|G(j\omega)| = \dfrac{K}{\sqrt{1 + (T\omega)^2}}$ となる．

134

・位相（偏角）ϕ は $\phi = \angle(1) - \angle(jT\omega + 1) = 0 - \tan^{-1}\left(\dfrac{T\omega}{1}\right) = -\tan^{-1} T\omega$ となる．

ここで，$\angle(1) = \tan^{-1}\left(\dfrac{\text{虚部 Im}}{\text{実部 Re}}\right) = \tan^{-1}\left(\dfrac{0}{1}\right) = 0$ である．　□

例題 10.2

2 次遅れ系の一般形の伝達関数 $G(s) = \dfrac{\omega_n^2}{s^2 + 2\zeta\omega_n s + \omega_n^2}$ の大きさおよび位相（偏角）を求めなさい．

解答

$s = j\omega$ を代入すると，周波数伝達関数は以下の通りとなる．

$$G(j\omega) = \frac{\omega_n^2}{(j\omega)^2 + 2\zeta\omega_n(j\omega) + \omega_n^2} = \frac{\omega_n^2}{-\omega^2 + \omega_n^2 + j2\zeta\omega_n\omega}$$

簡便な方法に基づくと

・分子の大きさは，実部 ω_n^2 のままであるから ω_n^2 となる．
・分母の大きさは，絶対値の計算となり以下となる．
$\sqrt{(\text{実部 Re})^2 + (\text{虚部 Im})^2} = \sqrt{(\omega_n^2 - \omega^2)^2 + (2\zeta\omega_n\omega)^2}$
・大きさ $|G(j\omega)|$ は分子の大きさを分母の大きさで割って，
$|G(j\omega)| = \dfrac{\omega_n^2}{\sqrt{(\omega_n^2 - \omega^2)^2 + (2\zeta\omega_n\omega)^2}}$ となる．
・位相（偏角）ϕ は $\phi = \angle(\omega_n^2) - \angle(\omega_n^2 - \omega^2 + j2\zeta\omega_n\omega)$
$= 0 - \tan^{-1}\left(\dfrac{2\zeta\omega_n\omega}{\omega_n^2 - \omega^2}\right) = -\tan^{-1}\left(\dfrac{2\zeta\omega_n\omega}{\omega_n^2 - \omega^2}\right)$ となる．　□

10.2　ベクトル軌跡（ナイキスト軌跡）

周波数伝達関数 $G(j\omega)$ は角周波数 ω に応じた複素数の値なので，複素平面上に大きさと位相（偏角）をもつベクトルとして描くことができる．複素平面といっても xy 平面と見かけ上なんら変わることがなく，x 軸が実軸（Re）で y 軸が虚軸（Im）に対応する．慣れるが勝ちの気楽な気持ちで学んでほしい．

第 10 章 ◆ 周波数伝達関数とベクトル軌跡

10.2.1 ベクトル軌跡の大きさと位相

式 (10.3) において角周波数 ω を 0 から ∞ まで変化させると，そのベクトルの先端は複素平面上を移動して軌跡を描くことから，ベクトル軌跡とよんでいる．ベクトル軌跡もボード線図と同様にシステム $G(j\omega)$ の周波数特性を表すが，ベクトル軌跡の特徴は 1 つの図に大きさと位相（偏角）が同時に描けることである．ベクトル軌跡は角周波数 $-\infty$ から 0 までの軌跡と合わせてナイキスト軌跡ともよばれ，これを用いてシステムの安定性を判別する方法をナイキストの安定判別法という．ナイキストの安定判別法については 11 章で解説する．

では，例題を通して，ベクトル軌跡について理解しよう．

例題 10.3

1 次遅れ系 $G(s) = \dfrac{K}{Ts + 1}$ のベクトル軌跡を描きなさい．

解答

1 次遅れ系 $G(s) = \dfrac{K}{Ts + 1}$ の周波数伝達関数の実部と虚部は式 (10.3) で与えられる．これを複素平面上にプロットし，原点と結んだ矢印付き直線が $G(j\omega) = \dfrac{K}{j\omega T + 1}$ として描かれる．このとき，大きさと位相（偏角）*3 は以下で表される．

$$|G(j\omega)| = K\frac{1}{\sqrt{(\omega T)^2 + 1}}, \quad \angle G(j\omega) = -\tan^{-1}\omega T$$

どちらの式も，右辺には変数として角周波数 ω のみが記入されていることに注意しよう．大きさは原点から $|G(j\omega)|$ として表される長さを，位相（偏角）は実軸（Re）とのなす角を表す．このベクトル軌跡を見るうえでのポイントは以下の 3 つに整理される（図 10.2）．

- $\omega = 0$：大きさは K，位相（偏角）は 0 [deg] となる．
- $\omega = \dfrac{1}{T}$：大きさは $\dfrac{K\sqrt{2}}{2}$，位相（偏角）は -45 [deg] となる．

---

*3 位相（偏角）では，実軸（Re）に対して反時計周りの方向をプラスとする．

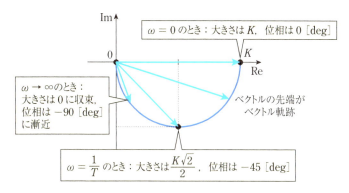

図10.2 ベクトル軌跡の見方

[佐藤和也ほか（著），はじめての制御工学，講談社（2010），図 12.17 を参考に作成]

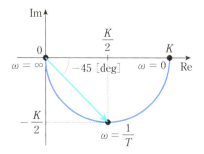

図10.3 1次遅れ系 $G(s) = \dfrac{K}{Ts+1}$ のベクトル軌跡

・$\omega \to \infty$：大きさは 0 に収束し，位相（偏角）は $-90\,[\text{deg}]$ に漸近する．

よって，1次遅れ系 $G(s) = \dfrac{K}{Ts+1}$ のベクトル軌跡は図10.3 となる．このベクトル軌跡は中心 $\left(\dfrac{K}{2},\,0\right)$ で半径 $\dfrac{K}{2}$ の円周上を動く．この図より，図10.2 のように周波数特性を読み取れるようになってほしい．□

例題 10.4

積分要素 $G(s) = \dfrac{1}{s}$ のベクトル軌跡を描きなさい.

解答

周波数伝達関数,大きさと位相(偏角)は,それぞれ以下で表される.

$$G(j\omega) = \frac{1}{j\omega} = \frac{j}{j^2\omega} = -j\frac{1}{\omega}$$

$$|G(j\omega)| = \sqrt{\left(-\frac{1}{\omega}\right)^2} = \frac{1}{\omega}, \quad \angle G(j\omega) = \tan^{-1}\frac{-\dfrac{1}{\omega}}{0} = -90\,[\text{deg}]$$

位相(偏角)は常に $-90\,[\text{deg}]$ となり,大きさは以下の3つに整理される.

- $\omega = 0$:大きさは無限大となる.
- $\omega = 1$:大きさは1となる.
- $\omega \to \infty$:大きさは0に収束する.

よって,積分要素 $G(s) = \dfrac{1}{s}$ のベクトル軌跡は図 **10.4** となる.

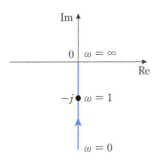

図 10.4 積分要素 $G(s) = \dfrac{1}{s}$ のベクトル軌跡

10.2.2 ボード線図とベクトル軌跡との関係

システムの伝達関数の周波数特性を知る方法としてボード線図およびベク

トル軌跡による表現方法をともに理解しておくと，システムの安定性について確実に理解できる．

伝達関数の一般形は以下の通りである．

$$G(s) = \frac{b_m s^m + b_{m-1} s^{m-1} + \cdots + b_1 s + b_0}{s^n + a_{n-1} s^{n-1} + a_{n-2} s^{n-2} + \cdots + a_1 s + a_0}$$
$$= G_1(s) G_2(s) \cdots G_k(s), \quad k \leqq n \tag{10.11}$$

式 (10.11) の分母は s の n 次式，分子は s の m 次式である．このとき，角周波数を $\omega \to$ 大（$+\infty$）としたときの周波数伝達関数の特徴は以下となる．当然ながら，ボード線図の場合と同様である．

- 大きさ（$|G(j\omega)|$）：0 に収束する．
- ゲイン（$20 \log_{10} |G(j\omega)|$）：$-20 \times (n-m)$ [dB/dec] の勾配で減少する．
- 位相（偏角）：-90 [deg] $\times (n-m)$ に漸近する．

2 次遅れ系や $G(s) = \dfrac{K}{s(Ts+1)}$ のような系（1 次遅れ要素 + 積分要素）は基本要素のかけ合わせであることから，ボード線図（ゲインと位相（偏角））は基本要素の足し合わせで得られる．ベクトル軌跡は直線であったり，曲線であったりと，大きさの描き方に注意が必要だが，位相（偏角）は足し合わせであり，ベクトル軌跡とボード線図の位相（偏角）特性は同じである．

表 10.1 に，システムの伝達関数，ボード線図，ベクトル軌跡をまとめる．

表10.1　ボード線図とベクトル軌跡

伝達関数	ゲイン特性	位相特性	ベクトル軌跡	ステップ応答
Ks	$1/K$　20 dB/dec	$\frac{\pi}{2}$　0	Im　0　Re	0　t
$\dfrac{K}{s}$	K　-20 dB/dec	0　$-\frac{\pi}{2}$	Im　0　Re	0　t
$\dfrac{1}{Ts+1}$	$1/T$　-20 dB/dec	0　$1/T$　$-\frac{\pi}{2}$	Im　0　Re　1	63 %　0　T　t
$Ts+1$	$1/T$　20 dB/dec	$\frac{\pi}{2}$　$1/T$　0	Im　0　Re　1	0　t
$\dfrac{\omega_n{}^2}{s^2+2\zeta\omega_n s+\omega_n{}^2}$	-40 dB/dec　ω_n	0　$-\frac{\pi}{2}$　$-\pi$	Im　0　Re　1	0　t
e^{-Ls}	0	0	Im　0　1　Re	0　L　t

章末問題

10.1　つぎの文章中の空欄を埋めなさい.

    問1　ナイキスト軌跡は（　　　　　　　　）を（　　　　　　　　）上の軌跡として表したものである.

    問2　周波数伝達関数は（　　　　　　　　）として求められ,（　　　　　　　　）となる. ω を変化させた際の（　　　　　　　　）と（　　　　　　　　）を 1 枚の図面にプロットしたものが（　　　　　　　　）である.

問 3 （　　　　　　　　　　）を構成する大きさと位相（偏角）を求める
ためには，（　　　　　　　）と（　　　　　　　　）の各成分に
分解することが重要である．

10.2 微分要素の伝達関数 $G(s) = Ks$ のベクトル軌跡を描きなさい．

10.3 むだ時間要素の伝達関数 $G(s) = \mathrm{e}^{-Ls}$ のベクトル軌跡を描きなさい．

第11章 ナイキストの安定判別法

　制御系が安定であるための必要十分条件は，特性方程式の根（もちろん極でもよい）がすべて負の実部をもつことであった．したがって，安定性を判別するには，特性方程式の根の性質を調べればよい．そのために，開ループ伝達関数の周波数応答の特性に基づき，図的に判別しようというのがナイキストの安定判別法である．本章では，ナイキストの安定判別法について解説する．

11.1　制御系の構成

　ここでもう一度「制御」の定義を思い返しておこう．制御とは「ある目的に適合するように，対象となっているものに所要の操作を加えること」である．では，「ある目的」をさらに詳細に整理してみよう．それは，以下に列挙する制御仕様とよばれる項目が考えられる．制御系に期待される設計要求には，

(1) システムの安定性
(2) 過渡特性に関する設計要求（例：立ち上がり時間 1 秒未満，オーバーシュート 20 % 未満）
(3) 定常特性に関する設計要求（例：出力の定常値が目標値に追従（一致））

などがある．

　復習とはなるが，制御系の構成には，フィードフォワード制御系とフィードバック制御系の 2 つがある．それぞれをブロック線図で示すと，図 11.1 と図 11.2 のようになる．ブロックには制御対象 $P(s)$，コントローラ $C(s)$ の伝達

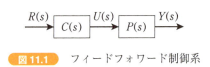

図 11.1　フィードフォワード制御系

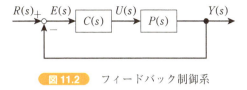

図 11.2　フィードバック制御系

関数が入る．また，矢印は入力・出力信号であり，足し合わせ点や引き出し点は信号の合流や分岐を表している．

11.2 制御系の安定

図 11.1 のフィードフォワード制御系，図 11.2 のフィードバック制御系に対して操作量に加わる外乱 $D(s)$ も考慮すると，図 11.3，図 11.4 となる．

11.2.1　フィードフォワード制御系の安定条件
図 11.3 では，以下の関係が成り立つ．

$$U(s) = C(s)R(s) \tag{11.1}$$

$$Y(s) = P(s)(U(s) + D(s)) \tag{11.2}$$

ここで，$R(s)$ は外部からの入力である目標値，$D(s)$ は外乱である．この2つの諸量を用いたときの操作量 $U(s)$ および制御量 $Y(s)$ の関係は以下の通りである．

$$U(s) = G_{ur}(s)R(s) + G_{ud}(s)D(s) \tag{11.3}$$

$$Y(s) = G_{yr}(s)R(s) + G_{yd}(s)D(s) \tag{11.4}$$

ここで，伝達関数 $G_{ur}(s)$，$G_{ud}(s)$，$G_{yr}(s)$，$G_{yd}(s)$ は，それぞれ以下で表

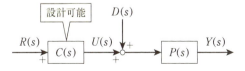

図 11.3　外乱を含むフィードフォワード制御系

される.

$$G_{ur}(s) = C(s) \tag{11.5}$$

$$G_{ud}(s) = 0 \tag{11.6}$$

$$G_{yr}(s) = P(s)C(s) \tag{11.7}$$

$$G_{yd}(s) = P(s) \tag{11.8}$$

ここで，伝達関数の添え字は，たとえば，目標値 $R(s)$ の意味をさす小文字の r と操作量 $U(s)$ の意味をさす小文字の u を用いて，その伝達関数を $G_{ur}(s)$ とする．これらを用いてフィードフォワード制御系が安定となる条件を整理してみよう．そのためには，有界な大きさであるすべての目標値 $R(s)$ と外乱 $D(s)$ に対して，操作量 $U(s)$ や制御量 $Y(s)$ が有界にならなくてはならない．言い換えれば，つぎの3つの伝達関数 $G_{ur}(s) = C(s)$, $G_{yr}(s) = P(s)C(s)$, $G_{yd}(s) = P(s)$ が安定でなければならない．これらの条件下で，$G_{yr}(s)$ や $G_{ur}(s)$ に関する仕様が満たされているか否かを調べればよい．

11.2.2　フィードバック制御系の安定条件

ここでは結論から先に述べる．フィードバック制御系が安定となる条件は，以下に示す4つの伝達関数 $G_{ur}(s)$, $G_{ud}(s)$, $G_{yr}(s)$, $G_{yd}(s)$ のすべてが安定となることである．この4つの伝達関数がすべて安定な場合，フィードバック制御系は内部安定であるという．では，4つの伝達関数を求めてみよう．

図 11.4 では，以下の関係が成り立つ．

$$E(s) = R(s) - Y(s) \tag{11.9}$$

$$U(s) = C(s)E(s) \tag{11.10}$$

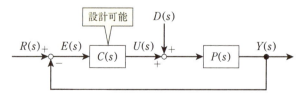

図 11.4　外乱を含むフィードバック制御系

$$Y(s) = P(s)(U(s) + D(s)) \tag{11.11}$$

式 (11.3)，式 (11.4) に示したフィードフォワード制御系の場合と同様に，目標値 $R(s)$ と外乱 $D(s)$ を用いたときの操作量 $U(s)$ および制御量 $Y(s)$ の関係は以下の通りである．

$$U(s) = G_{ur}(s)R(s) + G_{ud}(s)D(s) \tag{11.12}$$

$$Y(s) = G_{yr}(s)R(s) + G_{yd}(s)D(s) \tag{11.13}$$

ここで，伝達関数 $G_{ur}(s), G_{ud}(s), G_{yr}(s), G_{yd}(s)$ は，それぞれ以下で表され，$G_{ur}(s), G_{yr}(s)$ は $D(s) = 0, G_{ud}(s), G_{yd}(s)$ は $R(s) = 0$ とすることで導出される．

$$G_{ur}(s) = \frac{C(s)}{1 + P(s)C(s)} \tag{11.14}$$

$$G_{ud}(s) = -\frac{P(s)C(s)}{1 + P(s)C(s)} \tag{11.15}$$

$$G_{yr}(s) = \frac{P(s)C(s)}{1 + P(s)C(s)} \tag{11.16}$$

$$G_{yd}(s) = \frac{P(s)}{1 + P(s)C(s)} \tag{11.17}$$

仮に，目標値 $R(s)$ から制御量 $Y(s)$ までの伝達関数 $G_{yr}(s)$ が安定で，外乱 $D(s)$ から制御 $Y(s)$ までの伝達関数 $G_{yd}(s)$ が不安定であるとしよう．つまり，フィードバック制御系の内部安定性が満たされない場合，どんなことが考えられるだろうか．外乱なしの状況では $G_{yr}(s)$ は安定であり，ステップ信号などで与えられる目標値に対して制御量は有界になり制御可能と思われそうだが，外乱ありの状況では $G_{yd}(s)$ が不安定であり，制御量は無限大に発散してしまう．実用上，制御系に外乱が混入することはよくあることであり，内部安定性が満たされないと，制御系としては使いものならないことは想像できるであろう．

11.3　ナイキストの安定判別法とは

　制御系が安定であるための必要十分条件は，特性方程式の根がすべて負の

第 11 章 ◆ ナイキストの安定判別法

実部をもつことであった．そのとき，伝達関数の分母多項式の扱い方は以下の 2 通りが考えられる．

(1) $P(s)C(s) = L(s)$ で調べるか，すなわち開ループシステム（一巡伝達関数ともよぶ）で調べるか[*1]

(2) $1 + P(s)C(s) = 1 + L(s)$ で調べるか，すなわち閉ループシステムで調べるか

以降では，開ループシステム $P(s)C(s)$ を単に $L(s)$ で，閉ループシステム $1 + P(s)C(s)$ を $1 + L(s)$ で統一的に扱うことにする．

ナイキストの安定判別法とは，周波数領域において開ループシステム $L(s)$ のナイキスト軌跡を描くことにより，閉ループシステム $1 + L(s)$ の安定性を図的に判別する方法である．

11.4 ナイキストの安定判別法：準備

閉ループシステムである式 (11.14)〜(11.17) に着目してみよう．そこでは，4 つの伝達関数の分母に $1 + P(s)C(s) = 1 + L(s)$ が共通に現れる．そこで，閉ループシステム $1 + L(s)$ について 4 つの多項式 $N_p(s)$, $D_p(s)$, $N_c(s)$, $D_c(s)$ を使って表し，ナイキストの安定判別法を説明しよう．

11.4.1 開ループ極と閉ループ極

閉ループシステム $1 + L(s)$ は以下で表される．

$$1 + L(s) = 1 + P(s)C(s) = 1 + \underbrace{\frac{N_p(s)}{D_p(s)}}_{P(s)} \underbrace{\frac{N_c(s)}{D_c(s)}}_{C(s)} = \frac{N_p(s)N_c(s) + D_p(s)D_c(s)}{D_p(s)D_c(s)}$$

(11.18)

ここで重要なのが，$1 + L(s)$ の分子は，多項式そのものになることである．すなわち，4 つの伝達関数の多項式は式 (11.18) の分子である $N_p(s)N_c(s) + D_p(s)D_c(s)$ となり，フィードバック制御系が内部安定であるための必要十分

[*1]　$L(s)$ は（フィードバックループがない場合の伝達関数なので）開ループ伝達関数や開ループ特性とよばれる．

条件は，特性方程式 $N_p(s)N_c(s) + D_p(s)D_c(s) = 0$ のすべての根の実部が負となることである．そして，この極を閉ループ極とよんでいる．一方，分母は開ループ伝達関数 $L(s)$ を $\dfrac{N_p(s)}{D_p(s)}\dfrac{N_c(s)}{D_c(s)}$ と表したときの分母 $D_p(s)D_c(s)$ となる．この $D_p(s)D_c(s) = 0$ の根を開ループ極とよび，実部が負のものを安定な極，そうでないものを不安定な極とよぶ．これは，閉ループ極の場合と同じである．

安定判別の目的の１つは，フィードバック制御系が内部安定かどうか，つまり閉ループシステム $1 + L(s)$ に不安定な極があるかどうか，あるとすればその個数 Z を知るということにほかならない[*2]．そのために，この開ループ極の不安定な極の個数を P とする．

11.4.2 既知から未知の不安定極の個数を診断しよう

ここで制御系の特性を調べるために，制御対象の特性をよく調べたうえで，これを表現する数学モデルを導き出してみよう．コントローラ $C(s)$ を設計する必要上，伝達関数 $P(s)$，つまり多項式 $N_p(s)$，$D_p(s)$ の性質を示す次数や極，零点などはあらかじめわかっていなければならない[*3]．それに対して $C(s)$ は，制御技術者が設計したものである．このことから，制御技術者は，$L(s)$ の分母多項式 $D_p(s)D_c(s)$ の具体的な形や開ループ極に含まれる不安定な極の個数 P もわかっているはずである．これらを簡潔にまとめると，制御技術者が成し遂げなければならない状況は以下に整理される．

◆ すでに知っている：開ループ極のうち，不安定な極の個数 P
◆ これから知りたい：閉ループ極のうち，不安定な極の個数 Z

ナイキストの安定判別法は，ナイキスト軌跡を眺めることによって，既知の開ループ極の不安定な極の個数 P を利用して，閉ループ極の不安定な極の個数 Z を求めようとする直観的な方法である．ナイキスト軌跡のさらなるメ

[*2] 式 (11.18) の分子を零 (zero) にする点なので Z で表す．

[*3] 制御対象の特性多項式とコントローラの分子多項式，あるいは，制御対象の分子多項式とコントローラの分母多項式との間に共通の因子が存在し，これらが打ち消しあうことを極零相殺とよぶ．もし，極零相殺が存在しない場合は，開ループ伝達関数 $L(s) = P(s)C(s)$ の極と $D_p(s)D_c(s) = 0$ の根（開ループ極）が一致する．

第 11 章◆ナイキストの安定判別法

リットとしては，安定（$Z = 0$）か，不安定（$Z \geq 1$）かの判定だけではなく，安定余裕とよばれる定量的指標による評価が可能となることである．

11.5 ナイキストの安定判別法：使い方

ナイキストの安定判別法の使い方を説明する．重要となるのは，複素平面上の原点を中心とする半径 1 の単位円および，安定と不安定の境目となる横軸の実軸（Re 軸）上に存在する点 $-1 + j0$ である．ただしここでは，開ループ伝達関数 $L(s)$ が，虚軸上に極をもたないことを前提としている．よって，ナイキストの安定判別法の手順は，以下にまとめることができる[*4]．

ナイキストの安定判別法の使い方

手順 1　開ループ極のなかで，実部が 0 以上となる不安定な極の個数 P を数える．

手順 2　開ループ伝達関数のベクトル軌跡 $L(j\omega)$ を描く（$\omega : 0 \sim +\infty$）．

手順 3　得られた軌跡を実軸と対称に描く（$L(j\omega)$ を ω を $-\infty$ から 0 の範囲で描き，これとベクトル軌跡を合わせて，ナイキスト軌跡とよぶ）．

手順 4　ナイキスト軌跡が着目点 $-1 + j0$ の周りを時計回りに回転する回数 N を数える．反時計回りの回転は負の数として数える．

手順 5　$Z = N + P$ の関係から，フィードバック制御系は Z 個の不安定な極をもつ．$Z = 0$ ならばフィードバック制御系は内部安定である．

例題 11.1

図 11.2 において，制御対象 $P(s) = \dfrac{N_p(s)}{D_p(s)} = \dfrac{1}{s + 3}$，コントローラ $C(s) = \dfrac{N_c(s)}{D_c(s)} = 1$ としたとき，ナイキストの安定判別法を用いて安定

[*4]　$L(j(-\omega)) = L(-(j\omega))$ は $L(j\omega)$ の共役複素数になる．つまり $L(j\omega) = \overline{L(j\omega)}$ であり，したがって $L(j\omega)$，$\omega > 0$ の軌跡を実軸に関して反転させると $L(j\omega)$，$\omega < 0$ の軌跡が描かれる．

148

か不安定かを判定しなさい．

解答

$D_p(s)D_c(s) = (s+3) \times 1$ より，不安定な開ループ極は存在せず，$P = 0$ である．開ループ伝達関数 $L(s) = P(s)C(s) = \dfrac{1}{s+3} \times 1 = \dfrac{1}{s+3}$ のベクトル軌跡は図 11.5 の実線で示される．これを Re 軸について反転すると図 11.5 の破線部となり，両者合わせたものがナイキスト軌跡となる．ナイキスト軌跡が着目点 $-1+j0$ の周りを時計回りに回転する回数 N を数えてみると，$N = 0$ である．$P = 0, N = 0$ ならば，$N = Z - P$ より $Z = 0$ となり，不安定な閉ループ極は存在しない．よって，このフィードバック制御系は内部安定となる． □

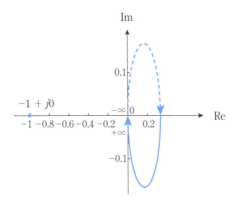

図 11.5 $L(s) = P(s)C(s) = \dfrac{1}{s+3}$ のナイキスト軌跡

11.6　簡略化されたナイキストの安定判別法

　実際に取り扱う問題では，制御技術者はすでに安定な制御対象に安定なコントローラを適用するケースが多い．この場合，不安定な開ループ極が存在しない（$N = 0$）ことから，ナイキストの安定判別法を簡略化して限定的に適用できる．この場合のナイキストの安定判別法の手順は，以下にまとめることができる．

第 11 章◆ナイキストの安定判別法

簡略化されたナイキストの安定判別法

手順 1 不安定な開ループ極が存在しないこと，あるいは $s=0$ の極がたった 1 つだけで，他はすべて安定な極であることを確認する．

手順 2 開ループ伝達関数についてベクトル軌跡 $L(j\omega)$ を描く（$\omega:0\sim+\infty$）．

手順 3 ベクトル軌跡が着目点 $-1+j0$ を常に左手に見るようにして原点へ収束すれば，制御系は内部安定．その逆は不安定となる．

例題 11.2

制御対象 $P(s) = \dfrac{1}{(s+3)(s+0.2)}$ とコントローラ $C(s) = \dfrac{1}{s}$ としたときのフィードバック制御系について，簡略化されたナイキストの安定判別法を用いて安定か不安定かを判定しなさい．

解答

$D_p(s)D_c(s) = (s+3)\times(s+0.2)\times s$ より，$s=0$ の開ループ極 1 個と安定な開ループ極を 2 個もつ．したがって，簡略化されたナイキストの安定判別法を適用できる．開ループ伝達関数 $L(s) = P(s)C(s) = \dfrac{1}{(s+3)(s+0.2)} \times \dfrac{1}{s} = \dfrac{1}{s(s+3)(s+0.2)}$ のベクトル軌跡は図 11.6 となる．ベクトル軌跡が着目点 $-1+j0$ を右手に見るようにして原点に

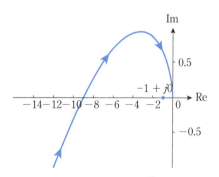

図 11.6 $L(s) = P(s)C(s) = \dfrac{1}{s(s+3)(s+0.2)}$ のベクトル軌跡

向かって収束している．よって，この制御系は不安定となる． □

11.7 安定余裕：位相余裕とゲイン余裕

制御工学では，安定余裕を議論する場合，以下のような表現をよく目にする．

― 安定余裕の考え方のポイント ―

開ループ伝達関数 $L(s)$ のベクトル軌跡をたどったときに，着目点 $-1+j0$ を常に左手に見るようにしながら，かつ着目点 $-1+j0$ との距離を十分に保ちながら原点へ収束すれば，フィードバック制御系は十分な安定余裕をもつ．

ここからの話は再び，ベクトル軌跡上をスポーツカーにでも乗って矢印方向へドライブしている気分になって着目点 $-1+j0$ を眺めていただきたい．「安定余裕の考え方のポイント」に基づくと，図11.7(a) ではベクトル軌跡が着目点 $-1+j0$ を常に左手に見るようにしながら原点へ収束している．したがって，安定なフィードバック制御系を構成する開ループ伝達関数 $L(s)$ のベクトル軌跡を図 11.7(a) に示している．逆に，図 11.7(b) は，開ループ伝達関数 $L(s)$ のベクトル軌跡が，着目点 $-1+j0$ 上を通過して原点へ近づいており，フィードバック制御系の安定性は損なわれてしまう．さらに，図 11.7(c) は，開ループ伝達関数 $L(s)$ のベクトル軌跡が，着目点 $-1+j0$ を右手に見るようにしながら原点に収束している．このことは，フィードバック制御系は不安定な状況に陥ってしまう状況を表している．繰り返しになるが，開ループ

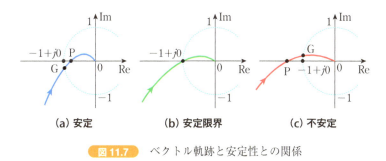

図11.7　ベクトル軌跡と安定性との関係

伝達関数 $L(s)$ のベクトル軌跡と着目点 $-1+j0$ との距離の関係が，フィードバック制御系の安定余裕を計る指標となっている．

11.7.1 ベクトル軌跡と安定余裕の関係

簡略化されたナイキストの安定判別法は，位相余裕，ゲイン余裕とよばれる安定余裕を計る指標を与えてくれる点においても重要である．それでは，位相余裕，ゲイン余裕について説明しよう．開ループ伝達関数 $L(s)$ のベクトル軌跡（図 11.8）とボード線図（図 11.9）において，ゲイン交差周波数 ω_{gc} と位相交差周波数 ω_{pc} を以下のように定義する（図 11.9）．

- ◆ ゲイン交差周波数 ω_{gc}：大きさ $|L(j\omega_{\mathrm{gc}})|=1$（つまりゲインは $0\,[\mathrm{dB}]$）となる角周波数 ω
- ◆ 位相交差周波数 ω_{pc}：偏角（位相）$\angle L(j\omega_{\mathrm{pc}}) = -180\,[\mathrm{deg}]$ となる角周波数 ω

この重要な 2 つの指標を数式ではなく，図的な表現を用いて整理してみよう（図 11.8）．注意すべき複素平面上の点は 2 点ある．その 1 つが，単位円と交差するときの角周波数であるゲイン交差周波数 ω_{gc}，もう 1 つが Re 軸（x 軸）

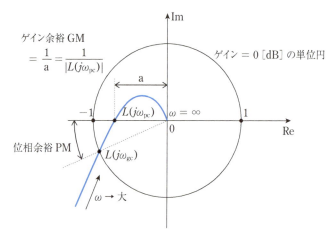

図 11.8　ベクトル軌跡と安定余裕との関係

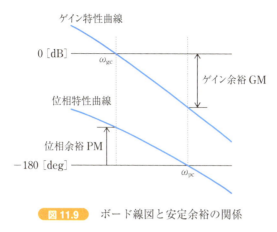

図 11.9 ボード線図と安定余裕の関係

と交差するときの角周波数である位相交差周波数 ω_{pc} である.

11.7.2 ゲイン交差周波数

ゲイン交差周波数 ω_{gc} とは,低周波数帯域では大きい $|L(j\omega)|$ が,角周波数が高くなるにつれて小さくなり,$|L(j\omega_{\mathrm{gc}})| = 1$(つまりゲインが $0\,\mathrm{dB}$)となったときの角周波数のことである.図 11.8 に示すように,開ループ伝達関数 $L(s)$ のベクトル軌跡と原点を中心とした半径 1 の単位円とは,ゲイン交差周波数 ω_{gc} で交差することになる.また図 11.9 に示すように,$20\log_{10}|L(j\omega_{\mathrm{gc}})| = 20\log_{10}1 = 0\,[\mathrm{dB}]$ から,ゲイン特性曲線と $0\,[\mathrm{dB}]$ の線はゲイン交差周波数 ω_{gc} で交差する.

11.7.3 位相交差周波数

位相交差周波数 ω_{pc} とは,低周波数帯域では小さい位相遅れ $\angle L(j\omega)$ が,角周波数が高くなるにつれて大きくなり,$\angle L(j\omega_{\mathrm{pc}}) = -180\,[\mathrm{deg}]$ となったときの角周波数のことである.図 11.8 に示すように,開ループ伝達関数 $L(s)$ のベクトル軌跡と Re 軸(x 軸)とは,位相交差周波数 ω_{pc} で交差することになる.また図 11.9 に示すように,位相特性曲線と $\angle L(j\omega_{\mathrm{pc}}) = -180\,[\mathrm{deg}]$ の線は位相交差周波数 ω_{pc} で交差する.

第 11 章 ◆ ナイキストの安定判別法

11.7.4 位相余裕

位相余裕 PM とは, 位相の遅れや進みを示す角度の大きさであり, 以下のように表される. 位相遅れのときは $\angle L(j\omega) < 0$, 位相進みのときは $\angle L(j\omega) > 0$ となる.

$$\mathrm{PM} = 180\,[\mathrm{deg}] + \angle L(j\omega_{\mathrm{gc}})\,[\mathrm{deg}] \tag{11.19}$$

このとき, 図 11.8 の複素平面の第 3 象限で実軸となす角度 PM がとても重要になってくる. 図 11.8 を見てほしい. 開ループ伝達関数 $L(s) = P(s)C(s)$ の位相 $\angle L(j\omega)$ が角度 PM の大きさ以上に遅れて, 第 2 象限でベクトル軌跡が単位円に突入すると, ベクトル軌跡が着目点 $-1 + j0$ (単位円の -1 の点) を右手に見るようになり, フィードバック制御系は不安定となる. つまり, 開ループ伝達関数 $L(s)$ のフィードバック制御系が安定であるとは, ベクトル軌跡が着目点 $-1 + j0$ を左手に見ながら十分な距離を保ち, 第 3 象限に大きな PM をもって原点へと収束することである. また図 11.9 に示すように, ボード線図を用いると, ゲイン交差周波数 ω_{gc} の位置から位相余裕 PM を角度 [deg] で読みとることができる.

11.7.5 ゲイン余裕

図 11.10 はベクトル軌跡とボード線図を上下に対応させて, これまでの内容を整理したものである. ベクトル軌跡では, 大きさ $|L(j\omega_{\mathrm{pc}})|$ の逆数としてゲイン余裕 GM を読みとることができる. では, ゲイン余裕 GM の意味を考えてみよう. 位相交差周波数 ω_{pc} は $\angle L(j\omega_{\mathrm{pc}}) = -180\,[\mathrm{deg}]$ の線上に存在し, ゲイン余裕 GM は

$$\mathrm{GM} = \frac{1}{|L(j\omega_{\mathrm{pc}})|} \tag{11.20}$$

と定義される.

図 11.10(a) は, ベクトル軌跡が着目点 $-1 + j0$ を左手に見て原点へ収束すると同時に, ゲイン余裕, 位相余裕ともに安定を示している. 図 11.10(b) は, ベクトル軌跡が着目点 $-1 + j0$ 上を通過しており, ゲイン余裕, 位相余裕ともに余裕のない安定限界を示している. 図 11.10(c) は, ベクトル軌跡が着目点 $-1 + j0$ を右手に見て原点へ収束すると同時に, ゲイン余裕, 位相余裕ともにすでに失われている. したがって, ゲイン余裕は開ループ伝達関数 $L(s)$

154

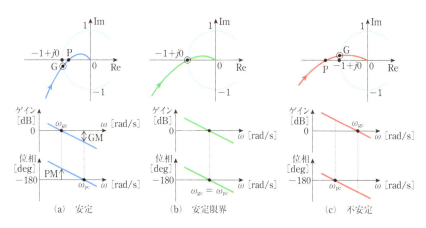

図 11.10 ベクトル軌跡・ボード線図と安定性との関係

の大きさに依存し，フィードバック制御系の安定性を確定する指標となっている．

図 11.9 に示すように，ゲイン交差周波数 ω_{gc} と同様に，位相交差周波数 ω_{pc} の位置からゲイン余裕 GM をデシベル値 [dB] で読みとることができる．

こうして図 11.8 のベクトル軌跡，図 11.9 のボード線図の双方から PM と同様，ゲイン余裕 GM を読みとれることを知ってほしい．また，位相余裕とゲイン余裕はいずれも大きい方が明らかに不安定になりにくいことがわかる．例題を通してベクトル軌跡の描き方をもう少し詳しく解説する．

例題 11.3

$$L(s) = \frac{K}{(s+1)(s+2)(s+3)} \tag{11.21}$$

のベクトル軌跡を描き，フィードバック制御系の安定性について調べなさい．ただし，$K > 0$ とする．

解答

開ループ伝達関数 $L(s)$ の周波数伝達関数は，

$$L(j\omega) = \frac{K}{(j\omega+1)(j\omega+2)(j\omega+3)} = \frac{K}{(-\omega^2+2+3j\omega)(3+j\omega)}$$

$$= \frac{K}{-3\omega^2 + 6 + 9j\omega + j\omega(-\omega^2 + 2 + 3j\omega)}$$

$$= \frac{K}{(6 - 6\omega^2) + j\omega(11 - \omega^2)}$$

$$= \frac{K(6 - 6\omega^2) - jK\omega(11 - \omega^2)}{(6 - 6\omega^2)^2 + \{\omega(11 - \omega^2)\}^2} \tag{11.22}$$

となる．式変形の過程を異なる線種の下線を施して明示した．では，重要な角周波数 $\omega = 0, \omega = \infty, \omega = \omega_{-\pi}$ について調べていこう．

◆ $\omega = 0$ のとき．$|L(j0)| = \left|\dfrac{6K}{36}\right| = \left|\dfrac{K}{6}\right|$, $\angle L(j0) = 0\,[\mathrm{deg}]$

◆ $\omega = \infty$ のとき．$|L(j\infty)| = 0$, $\displaystyle\lim_{\omega\to\infty} \angle L(j\omega) = \lim_{\omega\to\infty}\frac{K}{(j\omega)^3}$
$= -270\,[\mathrm{deg}]$

◆ $\omega = \omega_{-\pi}$ のとき，位相が $180\,[\mathrm{deg}]$ 遅れるときの角周波数は負の実軸上であるので，式 (11.22) において分母の虚部を 0 とおくと，$\omega_{-\pi} = \sqrt{11}$ を得る．これより，大きさは次式から得られる．

$$|L(j\omega_{-\pi})| = \left| K\frac{1}{\sqrt{(6 - 6(\sqrt{11})^2)^2 + (j(\sqrt{11})^2(11 - (\sqrt{11})^2)^2}} \right|$$

$$= \left| K\frac{1}{\sqrt{(6 - 6(\sqrt{11})^2)^2 + 0}} \right| = \left| K\frac{1}{-60} \right| = \frac{K}{60} = \rho$$

$$\tag{11.23}$$

これらを用いて描いたベクトル軌跡を図 **11.11** に示す．この図から明らかなように，

$$\rho < 1,\ \text{すなわち，}\ K < 60$$

のとき，フィードバック制御は安定になる． □

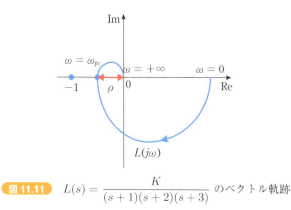

図 11.11 $L(s) = \dfrac{K}{(s+1)(s+2)(s+3)}$ のベクトル軌跡

章末問題

11.1 つぎの文章中の空欄を埋めなさい．

問 1 ナイキスト軌跡が着目点（　　　　）の周りを左手に見るようにして原点へ収束したり，回ったりしたときは（　　　　）であり，そうでないときは（　　　　）である．

問 2 ナイキストの安定判別法は，$L(s) = P(s)C(s)$ で表される（　　　　）伝達関数の（　　　　）の個数と（　　　　）軌跡を用いることで，（　　　　）制御系の安定性を判別できる．

問 3 開ループ伝達関数 $L(s) = P(s)C(s)$ の（　　　　）あるいは（　　　　）を描くことができれば，（　　　　）余裕と（　　　　）余裕が読みとれ，コントローラ $C(s)$ の性能評価が行える．

問 4 簡略化されたナイキストの安定判別法が使える条件は，不安定な（　　　　）がないこと，あるいは，（　　　　）に 1 つだけ極をもつときである．

11.2 $P(s) = \dfrac{1}{s-3}$，$C(s) = \dfrac{s-3}{s+3}$ とした場合，式 (11.18) における $N_p(s), D_p(s), N_c(s), D_c(s)$ を求めなさい．

第 11 章◆ナイキストの安定判別法

11.3 前問 11.2 の $P(s) = \dfrac{1}{s-3}$ を $P(s) = \dfrac{s-3}{s+3}$ とした場合，各問に答えなさい．

問 1　不安定な開ループ極の数 P を求めなさい．

問 2　開ループ伝達関数を求めなさい．

問 3　ナイキスト軌跡を描き，その軌跡が着目点 $-1+j0$ を回転する回数 N を求め，不安定な閉ループ極の数を求めなさい．

問 4　フィードバック制御系の内部安定性を判別しなさい．

11.4 開ループ伝達関数を $L(s) = \dfrac{40}{s(s^2+5s+2)}$ とした場合，ゲイン余裕を求めてフィードバック制御系の内部安定性を判別しなさい．

11.5 開ループ伝達関数 $L(s) = \dfrac{5}{s(s+1)(s+2)}$ のナイキスト軌跡を描き，フィードバック制御系の安定性を判別しなさい．

第12章

制御系の設計

　これまで，制御対象となるシステムの数学モデルとして伝達関数を与え，システムの特性を応答によって調べる方法を説明した．本章では，制御系を設計しようとしたときにフィードフォワード制御系の長所と短所，および望ましい制御性能を実現するために有効とされるフィードバック制御系の構成を説明する．そして，フィードバック制御系の設計の基本的な考え方について解説する．

12.1　制御系の設計仕様

　理解を深めるために，以下の制御対象に対して，制御系を設計してみよう．

― 要求されている制御系の設計仕様 ―

(1) フィードフォワード制御系とフィードバック制御系のそれぞれを設計する．

(2) 制御対象の伝達関数 $P(s)$ は以下で与えられる．

$$P(s) = \frac{b}{s + a} \tag{12.1}$$

ここで，a, b はそれぞれ定数とする．

(3) コントローラの伝達関数 $C(s)$ は比例制御[*1] とし，以下で与えられる．

$$C(s) = K_p \tag{12.2}$$

ここで，K_p は定数である．

(4) 操作量 $U(s)$ は以下で与えられる．

　　i) フィードフォワード制御は，$U(s) = K_p R(s)$

　　ii) フィードバック制御は，$U(s) = K_p E(s)$

――――――――――――――――――
[*1]　詳しくは 13 章で解説する．

> (5) 制御仕様は「単位ステップ信号を目標値として，制御量の定常値を誤差なく安定に追従させること」が条件である．
> (6) コントローラの定数 K_p の値のみが調整できる設計パラメータである．

最後の (6) は，たとえば，ロボットを作ろうとして購入した高価なモータを微調整するために，コントローラ $C(s)$ によってのみ実現できるかどうかといった場面を想定してほしい．

12.2 フィードフォワード制御系の設計

12.2.1 制御系の安定性

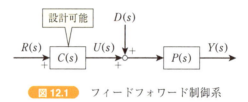

図 12.1 フィードフォワード制御系

フィードフォワード制御系（図 12.1）の伝達関数は，式 (11.5)～(11.8)，式 (12.1)～(12.2) より，

$$\begin{cases} G_{ur}(s) &= C(s) = K_p, \quad G_{ud} = 0 \\ G_{yr}(s) &= P(s)C(s) = \dfrac{bK_p}{s+a}, \quad G_{yd}(s) = P(s) = \dfrac{b}{s+a} \end{cases} \quad (12.3)$$

となる．特性方程式 $s+a=0$ の根 $s=-a$ がフィードフォワード制御系の極となり，制御対象 $P(s) = \dfrac{b}{s+a}$ の極と同じである．よって，極の符号の種類により，以下の通りに区分けができる．

◆ $a > 0$ のときは安定
◆ $a < 0$ のときは不安定

すなわち $a < 0$ の場合には，コントローラ $C(s)$ の設計パラメータ K_p をどのように選んでも不安定であり，唯一制御仕様を満たすためには $a > 0$，すなわち制御対象 $P(s)$ そのものが安定でなければならない．

12.2.2　外乱なしの場合の制御系の定常特性

$a > 0$，目標値 $r(t) = 1$（$\mathcal{L}[r(t)] = R(s) = \dfrac{1}{s}$）の場合を考えよう．このとき，制御量 $y(t)$（$\mathcal{L}[y(t)] = Y(s)$）は以下の通りとなる．

$$Y(s) = G_{yr}(s)R(s) = \frac{bK_p}{s+a}\frac{1}{s} \tag{12.4}$$

定常値（$y_\infty = \lim_{t \to \infty} y(t)$）は，$Y(s)$ の逆ラプラス変換 $y(t) = \mathcal{L}^{-1}\left[\dfrac{bK_p}{s+a}\dfrac{1}{s}\right]$ を計算した後，$t \to \infty$ をとることで求められる．

$$sY(s) = sG_{yr}(s)R(s) = s\frac{bK_p}{s+a}\frac{1}{s} = \frac{bK_p}{s+a} \tag{12.5}$$

が得られ，$sF(s)$ は a を適切に選べば安定となり，最終値定理が適用できる．よって，定常値 y_∞ の計算式は，式 (7.4) より

$$y_\infty = \lim_{t \to \infty} y(t) = \lim_{s \to 0} sY(s) = \lim_{s \to 0} \frac{bK_p}{s+a} = \frac{bK_p}{a} \tag{12.6}$$

となる．この制御量の定常値 y_∞ が目標値を誤差なく追従するとは，単位ステップ信号に対して $y_\infty = 1$ となることであり，そのためには，式 (12.6) より設計パラメータ K_p を

$$K_p = \frac{a}{b} \tag{12.7}$$

とすればよい．

12.2.3　外乱が存在する場合の制御系の定常特性

フィードフォワード制御系では，外乱の影響が制御量に現れないようにすることが不可能である理由を解説する．定常特性を満たすため $C(s) = K_p = \dfrac{a}{b}$ とすると，式 (11.4), (12.3) より，

$$Y(s) = G_{yr}(s)R(s) + G_{yd}(s)D(s)$$

第 12 章 ◆ 制御系の設計

$$
= \frac{b}{s+a}\frac{a}{b}R(s) + \frac{b}{s+a}D(s) = \frac{a}{s+a}R(s) + \frac{b}{s+a}D(s) \quad (12.8)
$$

となる．ここでは，外乱 $D(s)$ が存在する場合を考えているので，目標値を $r(t) = 1 \left(\mathcal{L}[r(t)] = R(s) = \dfrac{1}{s} \right)$，外乱を $d(t) = d \left(\mathcal{L}[d(t)] = D(s) = \dfrac{d}{s} \right)$ で定義されたステップ信号とする．式 (12.8) の前後 2 つの伝達関数は $sY(s) = s(G_{yr}(s)R(s) + G_{yd}(s)D(s))$ より，

$$
s\frac{a}{s+a}\frac{1}{s} = \frac{a}{s+a}, \quad s\frac{b}{s+a}\frac{d}{s} = \frac{bd}{s+a} \quad (12.9)
$$

とともに安定であることがわかるので，$y(t)$ の定常値 y_∞ は最終値定理を適用して以下の通りとなる．

$$
y_\infty = \lim_{t\to\infty} y(t) = \lim_{s\to 0} sY(s) = \lim_{s\to\infty} \left(s\frac{a}{s+a}\frac{1}{s} + s\frac{b}{s+a}\frac{d}{s} \right) = 1 + \frac{bd}{a} \quad (12.10)
$$

ここでの大きな発見は，制御量の定常値 y_∞ は目標値とは一致せず，誤差 $\dfrac{bd}{a}$ が必ず生じることである．誤差の大きさは，外乱に比例し，コントローラ $C(s) = \dfrac{a}{b}$ だけでは誤差を小さくできない．

12.2.4　制御対象が変動する場合の制御系への影響

　フィードフォワード制御系では，いかなるコントローラを設計しても制御対象の特性変動の影響を抑制できないことを解説する．制御対象の特性が，時間の経過とともに変動（「時変」という）することもある．よって，制御対象の伝達関数がたとえ変動しても，その影響が制御系にあまり現れないようなコントローラの設計ができれば，かなり役立つに違いない．

　そこで，制御対象の伝達関数 $P(s) = \dfrac{b}{s+a}$ 中の係数（パラメータ）a, b が変動する場合に，フィードフォワード制御系において，その影響がどのように現れるかを調べよう．いま，$P(s)$ の係数 a, b が変動して，伝達関数が $P(s)$ から $P'(s)$ に変化したとしよう．ただし，a, b が変動しても，制御系の安定性は保証されているものとする．すると，$P(s)$ と $P'(s)$ の関係は，以下となる．

$$P'(s) = P(s) + \Delta(s) \tag{12.11}$$

ここで，$\Delta(s)$ は伝達関数の変動量とする．$P(s)$ が $P'(s)$ に変化したとき，式 (12.11) を用いて目標値 $R(s)$ と制御量 $Y(s)$ の関係を求めると，

$$
\begin{aligned}
Y(s) = G'_{yr}(s)R(s) &= P'(s)C(s)R(s) \\
&= P(s)C(s)R(s) + \Delta(s)C(s)R(s)
\end{aligned} \tag{12.12}
$$

となる．そこで，$P(s)$ の相対的変化 $\Delta_1(s)$ を以下に定義する．

$$\Delta_1(s) = \frac{P'(s) - P(s)}{P(s)} = \frac{\Delta(s)}{P(s)} \tag{12.13}$$

それにともなう $G_{yr}(s)$ の相対的変化 $\Delta_2(s)$ を以下に定義する．

$$\Delta_2(s) = \frac{G'_{yr}(s) - G_{yr}(s)}{G_{yr}(s)} = \frac{\Delta(s)C(s)}{P(s)C(s)} = \frac{\Delta(s)}{P(s)} \tag{12.14}$$

式 (12.13) と式 (12.14) を比べると，$\Delta_1(s) = \Delta_2(s)$ となる．これは何を示唆しているかというと，フィードフォワード制御系において，制御対象 $P(s)$ の変動が，目標値から制御量までの伝達関数である $G_{yr}(s)$ にそのまま現れるということである．すなわち，コントローラ $C(s)$ をどのように調整しても変動成分を変えることはできない，あるいは消滅できないことを意味している．

12.2.5　フィードフォワード制御系設計の特徴

フィードフォワード制御系設計の特徴をまとめると，以下の通りとなる．

―― フィードフォワード制御系設計の特徴 ――

(1) フィードフォワード制御だけで制御系を安定化できるのは，制御対象が安定な場合に限定される．

(2) 制御系に外乱が存在する場合，その影響は制御量にまともに現れる．

(3) 制御対象内部のパラメータが変動すると，制御系にそのまま影響が現れる．

以上の特徴を整理すると，制御対象が安定であって，かつ外乱が存在しない場合か，あるいはほとんど無視できる程度の大きさであるときに限り，フィードフォワード制御系でもそこそこ良好な制御性能が得られる．

12.3 フィードバック制御系の設計

12.3.1 制御系の安定性

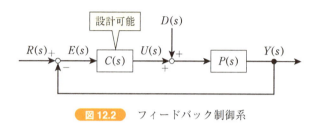

図 12.2 フィードバック制御系

式 (11.14)〜(11.17)，式 (12.1)〜(12.2) より，フィードバック制御系（**図 12.2**）の伝達関数を丁寧に導出してみると，以下の通りとなる．

$$\begin{cases} G_{ur}(s) = \dfrac{C(s)}{1+P(s)C(s)} = \dfrac{K_p}{1+\dfrac{bK_p}{s+a}} = \dfrac{K_p(s+a)}{s+a+bK_p} \\[2ex] G_{ud}(s) = -\dfrac{P(s)C(s)}{1+P(s)C(s)} = -\dfrac{\dfrac{bK_p}{s+a}}{1+\dfrac{bK_p}{s+a}} = -\dfrac{bK_p}{s+a+bK_p} \\[2ex] G_{yr}(s) = \dfrac{P(s)C(s)}{1+P(s)C(s)} = -G_{ud}(s) = \dfrac{bK_p}{s+a+bK_p} \\[2ex] G_{yd}(s) = \dfrac{P(s)}{1+P(s)C(s)} = \dfrac{\dfrac{b}{s+a}}{1+\dfrac{bK_p}{s+a}} = \dfrac{b}{s+a+bK_p} \end{cases} \quad (12.15)$$

注目すべきは，4つの伝達関数の特性方程式 $s+a+bK_p$ が共通となり，極はすべて同じとなることである．具体的には，特性方程式 $s+a+bK_p = 0$ の根（極）は，$s = -(a+bK_p)$ となる．これをよく眺めてみると，フィー

ドバック制御系の極に，設計パラメータ K_p が含まれることがわかる．つまり，設計パラメータ K_p により極の配置を自在に変えることができる．したがって，フィードバック制御系が内部安定になる条件は，

$$-(a + bK_p) < 0 \Leftrightarrow K_p > -\frac{a}{b} \tag{12.16}$$

となる．つまり，制御対象 $P(s) = \dfrac{b}{s+a}$ が不安定 $(a < 0)$ であったとしても，式 (12.16) が満たされるように K_p を決定すればよい．では，例題を通して設計してみよう．

例題 12.1

制御対象の伝達関数を

$$P(s) = \frac{2}{s-6}$$

とする．制御対象の極は $s = 6$ であり不安定となるが，フィードバック制御系が内部安定となるような設計パラメータ K_p を求めなさい．

解答

式 (12.16) より

$$K_p > -\frac{-6}{2} = 3$$

を満たすように設計パラメータ K_p を選べば，フィードバック制御系は安定となる．たとえば，$K_p = 4 \, (> 3)$ とおくと，$G_{yr}(s)$ は，

$$G_{yr}(s) = \frac{bK_p}{s + a + bK_p} = \frac{2 \times 4}{s - 6 + 2 \times 4} = \frac{8}{s + 2}$$

となる．伝達関数 $G_{yr}(s)$ の特性方程式に着目すると，フィードバック制御系の極は $s = -2$ となり，フィードバック制御系は安定となることがわかる． □

12.3.2 外乱なしの場合の制御系の定常特性

ここでは，フィードバック制御系を内部安定にするコントローラ $C(s) = K_p$ が設計されているものとする．フィードフォワード制御系の場合（目標値

第 12 章 ◆ 制御系の設計

$r(t) = 1$ $(\mathcal{L}[r(t)] = R(s) = \dfrac{1}{s}))$ と同様に，$sY(s)$ を計算すると，外乱なし $(D(s) = 0)$ のときの式 (11.13)，(12.15) より，以下の通りとなる．

$$sY(s) = sG_{yr}(s)R(s) = s\frac{bK_p}{s + a + bK_p}\frac{1}{s} = \frac{bK_p}{s + a + bK_p} \tag{12.17}$$

つづいて，制御量 $y(t)$ $(\mathcal{L}[y(t)] = Y(s))$ の定常値 $(y_\infty = \lim_{t \to \infty} y(t))$ を計算する．仮定より $sY(s)$ は安定であるから，定常値 y_∞ は，式 (12.17) に最終値定理を適用して

$$y_\infty = \lim_{t \to \infty} y(t) = \lim_{s \to 0} sY(s) = \lim_{s \to 0} \frac{bK_p}{s + a + bK_p} = \frac{bK_p}{a + bK_p} \tag{12.18}$$

となる．このとき，

$$\frac{bK_p}{a + bK_p} = 1 \tag{12.19}$$

を満たす設計パラメータ K_p が見つかれば，制御量の定常値 y_∞ を誤差なく追従させることができる．しかし，式 (12.19) からは，K_p を具体的に決定できない．そこでつぎの方法をとる．すなわち，式 (12.19) を変形し $K_p \to \infty$ としてみる．すると，

$$\lim_{K_p \to \infty} \frac{bK_p}{a + bK_p} = \lim_{K_p \to \infty} \frac{b}{\dfrac{a}{K_p} + b} = \frac{b}{b} = 1 \tag{12.20}$$

となる．このことは，$K_p \to \infty$ とすると，制御量 $y(t)$ は $t \to \infty$ で単位ステップ信号に誤差なく追従することを示唆している．また，式 (12.20) より，この示唆は a および b の値が $b = 0$ 以外であればどのような値においても成立するということでもある．

12.3.3　外乱が存在する場合の制御系の定常特性

ここで，フィードバック制御系では設計パラメータを適切に選ぶことにより，外乱の影響が抑制できることを解説する．図 12.2 において，外乱 $D(s)$ が存在する場合を考える．式 (11.13)，式 (12.15) より，以下の関係が得られる．

166

$$Y(s) = G_{yr}(s)R(s) + G_{yd}(s)D(s)$$
$$= \frac{bK_p}{s + a + bK_p}R(s) + \frac{b}{s + a + bK_p}D(s) \qquad (12.21)$$

フィードフォワード制御系の場合と同様に，目標値を $r(t) = 1$ $(\mathcal{L}[r(t)] = R(s) = \dfrac{1}{s})$，外乱を $d(t) = d$ $(\mathcal{L}[d(t)] = D(s) = \dfrac{d}{s})$ のステップ信号とする．フィードバック制御系を内部安定にするコントローラ $C(s) = K_p$ が設計されているものとすると，制御量 $y(t)$ の定常値 y_∞ は，以下で求められる．

$$y_\infty = \lim_{t \to \infty} y(t) = \lim_{s \to 0} sY(s) = \lim_{s \to 0} s\left(\frac{bK_p}{s + a + bK_p}\frac{1}{s} + \frac{b}{s + a + bK_p}\frac{d}{s}\right)$$
$$= \frac{bK_p}{a + bK_p} + \frac{bd}{a + bK_p} \qquad (12.22)$$

式 (12.22) の最右辺の 2 つの項は，それぞれ以下に示す目標値と外乱に起因する項に分けることができる．

$$y_\infty^r = \frac{bK_p}{a + bK_p}, \quad y_\infty^d = \frac{bd}{a + bK_p} \qquad (12.23)$$

フィードバック制御系もフィードフォワード制御系の場合と同様に，y_∞^d の大きさは外乱 d の大きさに比例する．しかし，フィードフォワード制御系との決定的な違いは，K_p が式 (12.23) の分母に存在するため，大きい K_p を選べば y_∞^d が小さくなることである．とくに，$K_p \to \infty$ の極限では，$y_\infty^r \to 1, y_\infty^d \to 0$ となり，外乱の影響が完全に抑制できる．

12.3.4　制御対象が変動する場合の制御系への影響

　フィードバック制御系では，フィードフォワード制御系の場合とは異なり，コントローラを調整することによって，制御対象の変動が制御系に及ぼす影響を抑制できることを解説する．フィードフォワード制御系の場合と同様に，制御対象の伝達関数 $P(s)$ が $P'(s)$ に以下のように変化するとき，

$$P'(s) = P(s) + \Delta(s) \qquad (12.24)$$

目標値 $R(s)$ と制御量 $Y(s)$ の関係はどのようになるであろうか．

第 12 章 ◆ 制御系の設計

$$Y(s) = G'_{yr}(s)R(s) = \frac{P'(s)C(s)}{1 + P'(s)C(s)}R(s) = \frac{(P(s) + \Delta(s))C(s)}{1 + (P(s) + \Delta(s))C(s)}R(s)$$
(12.25)

ここで，つぎのような $P(s)$ の相対的変化 $\Delta_1(s)$ を以下に定義する．

$$\Delta_1(s) = \frac{P'(s) - P(s)}{P(s)} = \frac{\Delta(s)}{P(s)}$$
(12.26)

それにともなう $G_{yr}(s)$ の相対的変化 $\Delta_2(s)$ を以下に定義する．

$$\begin{aligned}
\Delta_2(s) &= \frac{G'_{yr}(s) - G_{yr}(s)}{G_{yr}(s)} \\
&= \frac{\dfrac{(P(s) + \Delta(s))C(s)}{1 + (P(s) + \Delta(s))C(s)} - \dfrac{P(s)C(s)}{1 + P(s)C(s)}}{\dfrac{P(s)C(s)}{1 + P(s)C(s)}} \\
&= \frac{\Delta(s)}{1 + (P(s) + \Delta(s))C(s)}\frac{1}{P(s)}
\end{aligned}$$
(12.27)

ここで，$\Delta_1(s)$ と $\Delta_2(s)$ の比を計算してみると以下となる．

$$\begin{aligned}
\frac{\Delta_2(s)}{\Delta_1(s)} &= \frac{\dfrac{\Delta(s)}{1 + (P(s) + \Delta(s))C(s)}\dfrac{1}{P(s)}}{\dfrac{\Delta(s)}{P(s)}} = \frac{1}{1 + (P(s) + \Delta(s))C(s)} \\
&\fallingdotseq \frac{1}{1 + P(s)C(s)}
\end{aligned}$$
(12.28)

最後に近似式の値となっているのは，伝達関数の変動量 $\Delta(s)$ がわずかであればそれに相応して，分母多項式を展開して得られる $\Delta(s)C(s)$ も微少量として無視できるからである．式 (12.28) より，フィードバック制御系においては，この式の分母にコントローラ $C(s)$ が現れている．このことは，フィードバック制御系では $\dfrac{1}{1 + P(s)C(s)}$ の値が小さくなるように $C(s)$ を決定でき，$P(s)$ に変動が存在しても制御量に及ぼす影響を抑制できる可能性があることを示唆している．

168

12.3.5 フィードバック制御系設計の特徴

フィードバック制御系設計の特徴をまとめると，以下の通りとなる．

━━━━━ フィードバック制御系設計の特徴 ━━━━━

(1) 制御対象が不安定でも，コントローラの設計パラメータを適切に選ぶことにより制御系を安定にすることができる．

(2) 制御系に外乱が存在する場合，コントローラの設計パラメータを適切に選ぶことにより，外乱が制御量に及ぼす影響を抑制できる．

(3) 制御対象内部のパラメータの変動が制御系に及ぼす影響を，コントローラの調整により抑制できる．

この3つの特徴はすべて，フィードフォワード制御系では成し遂げられなかったものであり，フィードバック制御系が有用であることを示している．しかし，制御対象とコントローラの両方が安定であれば，フィードフォワード制御系では制御系全体は必ず安定となるが，フィードバック制御系では必ずしもそうならない場合がある．では，例題を通して考えてみよう．

例題 12.2

制御対象 $P(s)$ とコントローラ $C(s)$ を以下とする．

$$P(s) = \frac{3}{s+3}, \quad C(s) = -\frac{6}{s+5}$$

$P(s)$, $C(s)$ の極はそれぞれ $s = -3, s = -5$ となり安定であるが，これらをそのまま用いてフィードバック制御系を構成しても，その安定性が保証されるかどうかを調べなさい．

解答

図 12.2 のフィードバック制御系において，伝達関数 $G_{ur}(s)$, $G_{ud}(s)$, $G_{yr}(s)$, $G_{yd}(s)$ は式 (12.15) を用いると以下となる．

第 12 章 ◆ 制御系の設計

$$G_{ur}(s) = \frac{C(s)}{1 + P(s)C(s)} = \frac{-\dfrac{6}{s+5}}{1 + \left(\dfrac{3}{s+3}\right)\left(-\dfrac{6}{s+5}\right)} = -\frac{6(s+3)}{s^2 + 8s - 3}$$

$$G_{ud}(s) = -\frac{P(s)C(s)}{1 + P(s)C(s)} = -\frac{\left(\dfrac{3}{s+3}\right)\left(-\dfrac{6}{s+5}\right)}{1 + \left(\dfrac{3}{s+3}\right)\left(-\dfrac{6}{s+5}\right)} = \frac{18}{s^2 + 8s - 3}$$

$$G_{yr}(s) = \frac{P(s)C(s)}{1 + P(s)C(s)} = \frac{\left(\dfrac{3}{s+3}\right)\left(-\dfrac{6}{s+5}\right)}{1 + \left(\dfrac{3}{s+3}\right)\left(-\dfrac{6}{s+5}\right)} = -\frac{18}{s^2 + 8s - 3}$$

$$G_{yd}(s) = \frac{P(s)}{1 + P(s)C(s)} = \frac{\dfrac{3}{s+3}}{1 + \left(\dfrac{3}{s+3}\right)\left(-\dfrac{6}{s+5}\right)} = \frac{3(s+5)}{s^2 + 8s - 3}$$

これら 4 つの伝達関数の極は，共通の特性方程式 $s^2 + 8s - 3 = 0$ を解いて，$s = \dfrac{-8 \pm \sqrt{8^2 - 4 \times (-3)}}{2} = \dfrac{-8 \pm \sqrt{4 \times 19}}{2} = -4 \pm \sqrt{19}$ となる．すなわち，極の 1 つに実数部が負でない $s = -4 + \sqrt{19} > 0$ が出現し，不安定なフィードバック制御系となってしまっている． □

章末問題

12.1 フィードフォワード制御系の特徴について，つぎの文章中の空欄を埋めなさい．

問 1 不安定な制御対象を安定に制御することは（　　　　　　　）．

問 2 外乱が制御量に及ぼす影響を抑制することが（　　　　　　　）．

問 3 制御対象の変動の影響は，制御系にそのまま（　　　　　　　）．

12.2 フィードバック制御の特徴について，つぎの文章中の空欄を埋めなさい．

問1 適切な（　　　　　）の設定によって，不安定な制御対象を安定に動作させることが（　　　　　）．ただし，設計を誤ると，安定な制御対象でも制御系は（　　　　　）になり得る．

問2 外乱が制御量に及ぼす影響を抑制することが（　　　　　）．

問3 制御対象の変動が制御系に及ぼす影響を（　　　　　）．

12.3 図 12.3 に示すフィードバック制御系ついて，各問に答えなさい．

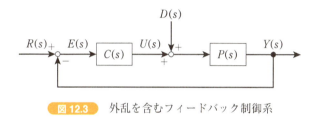

図 12.3 外乱を含むフィードバック制御系

問1 各信号間に成り立つ式 (12.29) に関係する領域を，図に示しなさい．

$$\begin{cases} \text{zone } ⑦ & E(s) = R(s) - Y(s) \\ \text{zone } ⑦ & U(s) = C(s)E(s) \\ \text{zone } ⑦ & Y(s) = P(s)(U(s) + D(s)) \end{cases} \quad (12.29)$$

問2 目標値 $R(s)$ と外乱 $D(s)$ と操作量 $U(s)$ および制御量 $Y(s)$ の関係が式 (12.30) と式 (12.31) で表されたとき，伝達関数 $G_{ur}(s), G_{ud}(s), G_{yr}(s), G_{yd}(s)$ を，$P(s), C(s)$ を用いて表しなさい．

$$U(s) = G_{ur}(s)R(s) + G_{ud}(s)D(s) \quad (12.30)$$

$$Y(s) = G_{yr}(s)R(s) + G_{yd}(s)D(s) \quad (12.31)$$

第 12 章◆制御系の設計

12.4 図 12.3 のフィードバック制御系において，$P(s)$, $C(s)$ を以下にそれ
ぞれ定義する．各問に答えなさい．

i) $P(s) = \dfrac{1}{s-1}$, $C(s) = \dfrac{1}{s+3}$

ii) $P(s) = \dfrac{1}{s-1}$, $C(s) = \dfrac{10}{s+3}$

iii) $P(s) = \dfrac{1}{s-2}$, $C(s) = \dfrac{s-2}{s+1}$

iv) $P(s) = \dfrac{s-2}{s+10}$, $C(s) = \dfrac{1}{s-3}$

v) $P(s) = \dfrac{s+1}{s+3}$, $C(s) = \dfrac{s+3}{s+2}$

問 1　式 (12.30)，式 (12.31) の伝達関数 $G_{ur}(s)$, $G_{ud}(s)$, $G_{yr}(s)$,
$G_{yd}(s)$ をそれぞれ求めなさい．

問 2　問 1 の結果を利用して，それぞれのフィードバック制御系が安
定かどうかを判定しなさい．

第13章

PID 制御

　ここまでくると皆さんは制御の本質がかなり理解できるようになったのではないだろうか．たとえば，比例制御パラメータ K_p 以外のコントローラを構成して安定な制御を目指す方法があると考えても不思議なことではない．そこで本章では，制御機器に広く実装されている PID 制御の考え方を説明する．

13.1　コントローラの構成

　PID 制御はこれまで多くの制御系設計で採用されているが，シミュレーションや（アナログ回路などで実現された）コントローラを実際の対象に直接接続して，各ゲインの値を試行錯誤的に決定しているのが実状である．PID 制御の各コントローラにおいて，P，I，D ゲインは調整可能な設計パラメータであり，制御技術者はそれらの値を調整して，安定性を含めた制御仕様を満たすフィードバック制御系を設計する．

13.1.1　P 制御

　12 章で説明したコントローラ $C(s) = K_p$ は，比例制御（proportional control）とよばれ，頭文字をとって P 制御ともよばれる．P 制御系のブロック線図を図 13.1 に示す．P 制御におけるコントローラ $C(s) = K_p$ の入出力関係は，以下で与えられる．

$$U(s) = K_p E(s) \tag{13.1}$$

このとき，K_p は定数で P ゲイン（または比例ゲイン）とよばれ，制御系の設計パラメータは K_p となる．

　式 (13.1) を逆ラプラス変換 $\mathcal{L}^{-1}[U(s)] = \mathcal{L}^{-1}[K_p E(s)]$ すると，以下で表される．

$$u(t) = K_p e(t) \tag{13.2}$$

図 13.2 は P 制御の概念図である．P 制御は入力（偏差 $e(t)$）を定数 K_p 倍し

第 13 章 ◆ PID 制御

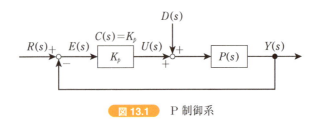

図 13.1　P 制御系

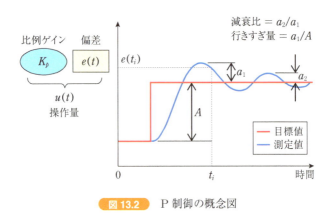

図 13.2　P 制御の概念図

たものを出力（操作量 $u(t)$）とする構成であり，入出力の比例関係が式 (13.2) からもわかる．

13.1.2　PI 制御

PI 制御とは，P 制御に偏差の積分値 $\int_0^t e(\tau)\mathrm{d}\tau$ を加えた制御方式である．PI 制御系のブロック線図を図 13.3 に示す．ここで，I は積分制御 (itegral control) とよばれ，頭文字をとって I 制御ともよばれる．PI 制御におけるコントローラ $C(s)$ の入出力関係は，以下で与えられる．

$$U(s) = \left(K_p + \frac{K_i}{s}\right)E(s) = \frac{K_p s + K_i}{s}E(s) \tag{13.3}$$

このとき，K_p は P ゲインであり，K_i は定数で I ゲイン（または積分ゲイン）とよばれ，制御系の設計パラメータは K_p, K_i となる．

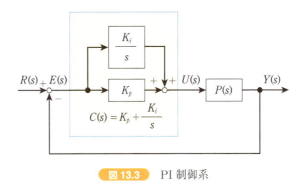

図 13.3 PI 制御系

P制御にI制御を付加したPI制御を導入すると，はたしてどんな効果があるのだろうか．PI制御を表す式 (13.3) を逆ラプラス変換すると，

$$u(t) = K_p e(t) + K_i \int_0^t e(\tau) \mathrm{d}\tau \tag{13.4}$$

となり，以下に整理される．

- ◆ 右辺第1項はP制御である．
- ◆ 右辺第2項は偏差 $e(t)$ を定積分し，Iゲイン K_i をかけたI制御である．

13.1.3 PI 制御の特徴

図 **13.4** は PI 制御の概念図である．I制御の部分は偏差を制御開始時刻から現時刻まで定積分（図中の水色部分に示す偏差の過去の値）したものに，Iゲインをかけた値を操作量としている．したがって，もし偏差が最終的に 0 に収束しても，I制御によって過去の偏差が蓄積されるため，PI制御による出力は 0 に収束せず，なにかしらの一定値になる．

PI制御の特徴は，操作量 $u(t)$ における P 制御 $u_p(t)$ と I 制御 $u_i(t)$ の割合が，設計パラメータである P ゲイン K_p と I ゲイン K_i を調整することで変更可能な点である[1]．

---

[1] 決定する有名な方法として感度調整法がある．

第 13 章 ◆ PID 制御

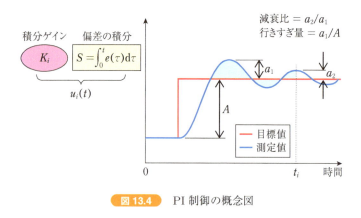

図 13.4　PI 制御の概念図

13.1.4　PI 制御の例

　PI 制御の具体例について述べる．ここでの目的は，PI 制御によって単位ステップ信号の目標値に対して偏差の定常値が 0 となることを確かめることである．では，例題を通して理解を深めよう．

例題 13.1

　図 13.5 は，ばね K とダッシュポット D でつながれた車体質量 M の自動車のサスペンションを制御するシステムである．これにおいて，物体に操作量 $u(t)$ [N] を加え，車体をスタート位置 $y(0) = 0$ [m] から目

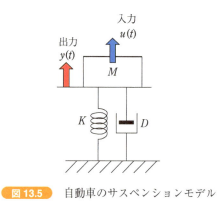

図 13.5　自動車のサスペンションモデル

標位置 $r(t)\,[\mathrm{m}]$ まで，フィードバック制御により車体の変位 $y(t)\,[\mathrm{m}]$ を制御したい．そのときの運動方程式は以下で表されるものとする．

$$M\ddot{y}(t) + D\dot{y}(t) + Ky(t) = u(t) \tag{13.5}$$

また，このときの伝達関数 $P(s)$ はつぎの式となる．

$$P(s) = \frac{Y(s)}{U(s)} = \frac{1}{Ms^2 + Ds + K} \tag{13.6}$$

そのとき，各問に答えなさい．

問 1　P 制御の場合の挙動を答えなさい．

問 2　PI 制御の場合の挙動を答えなさい．

解答
....

1) P 制御の場合の挙動

コントローラ $C(s) = K_p$ の入出力関係は以下で与えられる．

$$U(s) = K_p E(s) \tag{13.7}$$

ここで，$E(s) = \mathcal{L}[e(t)] = R(s) - Y(s)$ であり，$R(s) = \mathcal{L}[r(t)]$ である．式 (13.7) を式 (13.6) に代入すると，以下となる．

$$Y(s) = P(s)U(s) = \frac{1}{Ms^2 + Ds + K}K_p(R(s) - Y(s)) \tag{13.8}$$

したがって，式 (13.8) を整理すると，制御系の $R(s)$ から $Y(s)$ までの伝達関数 $G_{yr}(s)$ は以下で表される．

$$G_{yr}(s) = \frac{Y(s)}{R(s)} = \frac{\dfrac{K_p}{Ms^2 + Ds + K}}{1 + \dfrac{K_p}{Ms^2 + Ds + K}} = \frac{K_p}{Ms^2 + Ds + K + K_p} \tag{13.9}$$

ここで，K_p はフィードバック制御系が内部安定となるように設計されているものとする．よって，目標値を $r(t) = 1$（$\mathcal{L}[r(t)] = R(s) = \dfrac{1}{s}$）としたときの $t \to \infty$ での車体の変位 $y(t)\,[\mathrm{m}]$ の定常値 y_∞ は，以下と

第 13 章◆PID 制御

なる.

$$y_\infty = \lim_{t \to \infty} y(t) = \lim_{s \to 0} sY(s) = \lim_{s \to 0} sG_{yr}(s)R(s)$$

$$= \lim_{s \to 0} s \frac{K_p}{Ms^2 + Ds + K + K_p} \frac{1}{s} = \frac{K_p}{K + K_p} \quad (13.10)$$

式 (13.10) より，定常値 y_∞ は K_p が無限大とならない限り 1 にはならず，$t \to \infty$ で偏差 $1 - \dfrac{K_p}{K + K_p} = \dfrac{K}{K + K_p} \neq 0$ が残る．つまり，目標位置 $r(t)\,[\mathrm{m}]$ に車体の変位 $y(t)\,[\mathrm{m}]$ を一致させることができない．

2) PI 制御の挙動

コントローラ $C(s)$ の入出力関係は以下で与えられる．

$$U(s) = C(s)E(s), \quad C(s) = K_p + \frac{K_i}{s} = \frac{K_p s + K_i}{s} \quad (13.11)$$

式 (13.11) を式 (13.6) に代入すると，

$$Y(s) = \frac{1}{Ms^2 + Ds + K} C(s)E(s)$$

$$= \frac{1}{Ms^2 + Ds + K} \frac{K_p s + K_i}{s} (R(s) - Y(s)) \quad (13.12)$$

となるので，制御系の $R(s)$ から $Y(s)$ までの伝達関数 $G_{yr}(s)$ は以下の式 (13.13) で表される．この式において，$G_{yr}(s)$ の特性多項式が s の 3 次となっていることに着目してほしい．

$$G_{yr}(s) = \frac{\dfrac{K_p s + K_i}{Ms^3 + Ds^2 + Ks}}{1 + \dfrac{K_p s + K_i}{Ms^3 + Ds^2 + Ks}} = \frac{K_p s + K_i}{Ms^3 + Ds^2 + (K + K_p)s + K_i}$$

$$(13.13)$$

ここで，K_p, K_i はフィードバック制御系が内部安定となるように設計されているものとすると，目標値 $r(t) = 1$ に対する $y(t)$ の定常値 y_∞ は以下となる．

$$y_\infty = \lim_{t \to \infty} y(t) = \lim_{s \to 0} sY(s) = \lim_{s \to 0} sG_{yr}(s)R(s)$$

$$= \lim_{s \to 0} s \frac{K_p s + K_i}{Ms^3 + Ds^2 + (K + K_p)s + K_i} \frac{1}{s} = \frac{K_i}{K_i} = 1 \tag{13.14}$$

式 (13.14) より，定常値 y_∞ は 1 となり，目標値 $r(t) = 1$ に一致する．つまり，PI 制御を行うことで，目標位置に対する車体の変位の偏差を 0 にできる． □

13.1.5 PID 制御

PID 制御とは，PI 制御にさらに偏差の微分値 $\dot{e}(t)$ を加えた制御方式である．PID 制御系のブロック線図を図 13.6 に示す．PID 制御におけるコントローラ $C(s)$ の入出力関係は，以下で与えられる．

$$U(s) = \left(K_p + \frac{K_i}{s} + K_d s\right) E(s) = \frac{K_d s^2 + K_p s + K_i}{s} E(s) \tag{13.15}$$

このとき，K_d は D ゲイン（または微分ゲイン）とよばれ，制御系の設計パラメータは K_p, K_i, K_d となる．ここで，D は微分制御（derivative control）とよばれ，頭文字をとって D 制御ともよばれる．

PI 制御に D 制御をさらに付加すると，はたしてどんな効果があるのだろうか．では，PID 制御を導入する意味を考えてみよう．PID 制御を表す式 (13.15) を逆ラプラス変換すると，

$$u(t) = u_p(t) + u_i(t) + u_d(t) \tag{13.16}$$

$$u_p(t) = K_p e(t), \quad u_i(t) = K_i \int_0^t e(\tau) d\tau, \quad u_d(t) = K_d \dot{e}(t) \tag{13.17}$$

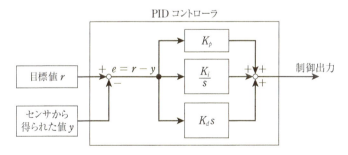

図 13.6 PID 制御系

となる．ここで注目したいのは，式 (13.16) の右辺第 3 項が偏差 $e(t)$ の微分値 $\dot{e}(t)$ に D ゲイン K_d をかけた D 制御となっていることである．

13.1.6　D 制御の物理的意味

図 **13.7** は D 制御の概念図である．$\dot{e}(t_i)$ は $e(t)$ の $t = t_i$ での接線の傾きであり，t_i からごく短い時間 Δt 経過後の $e(t)$ の値は以下で近似できる．

$$e(t_i + \Delta t) \simeq e(t_i) + \dot{e}(t_i)_{\Delta t} \tag{13.18}$$

D 制御とは，偏差 $e(t)$ が $t = t_i$ からごく短い時間 Δt 経過後にどのように変化するかという $\dot{e}(t_i)$ の情報を使う．D 制御は，偏差の絶対値 $|e(t)|$ が増加（減少）するときは，操作量の絶対値 $|u_d(t)|$ を増やす（減らす）制御となる．

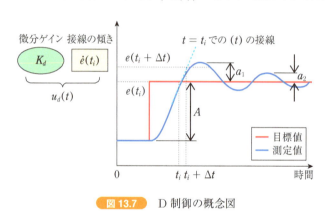

　図 **13.7**　D 制御の概念図

13.2　根軌跡法による設計パラメータと極の関係

　これまでに，伝達関数で与えられるシステムの応答は，その極により決定されることを述べた．ここでは，制御対象 $P(s)$ に対して，P, PI および PID 制御を適用した場合，根軌跡法を通して，その設計パラメータがフィードバック制御系の極にどのように影響を与えるかについて説明する．

13.2.1　根軌跡法

　フィードバック制御系の応答と P, I, D ゲインの関係が示されたとしても，

一般的な制御対象に対して，与えられた制御仕様を満足するゲインを導出するための解析的な方法は，特別な場合しか知られていない．では，どうすればよいのであろうか．解法の1つが根軌跡法とよばれる方法である．ここでは，コントローラの設計パラメータの選び方がフィードバック制御系の極や応答に及ぼす影響について根軌跡法を用いて調べるために，以下の1次遅れ系を例として解説する．

$$P(s) = \frac{b}{s+a} \quad (a, b：定数) \tag{13.19}$$

13.2.2 P制御の根軌跡法

コントローラをP制御（式(13.1)）とした場合のフィードバック制御系を考えてみよう．図13.1において，目標値$R(s)$，外乱$D(s)$を入力，操作量$U(s)$，制御量$Y(s)$を出力すると，以下の伝達関数が得られる．ここでは，制御対象$P(s) = \frac{b}{s+a}$，コントローラ$C(s) = K_p$を代入した．

$$
\begin{cases}
G_{ur}(s) = \dfrac{C(s)}{1 + P(s)C(s)} = \dfrac{K_p}{1 + \dfrac{bK_p}{s+a}} = \dfrac{K_p(s+a)}{s+a+bK_p} \\[4mm]
G_{ud}(s) = -\dfrac{P(s)C(s)}{1 + P(s)C(s)} = -\dfrac{\dfrac{bK_p}{s+a}}{1 + \dfrac{bK_p}{s+a}} = -\dfrac{bK_p}{s+a+bK_p} \\[4mm]
G_{yr}(s) = \dfrac{P(s)C(s)}{1 + P(s)C(s)} = \dfrac{bK_p}{s+a+bK_p} \\[4mm]
G_{yd}(s) = \dfrac{P(s)}{1 + P(s)C(s)} = \dfrac{\dfrac{b}{s+a}}{1 + \dfrac{bK_p}{s+a}} = \dfrac{b}{s+a+bK_p}
\end{cases} \tag{13.20}
$$

これらの分数式の分母に着目してほしい．何か気づいたことがないだろうか．今までの経験から分母多項式に目がいくであろう．その結果，4つの伝達関数の分母はいずれも同じであることがわかる．よって，制御系の極は特性方程式$s + a + bK_p = 0$の根となる．さあ，ここからが肝である．この式の見

方をかえて左辺に s を残し，$s = p(K_p)$ とおく．すると，制御系の極は，K_p の関数 $p(K_p)$ として以下で表される．

$$p(K_p) = -(a + bK_p) \tag{13.21}$$

いま $b > 0$ として，K_p を 0 から $+\infty$ へ向かって値を変化させると，制御系の極 $p(K_p)$ はつぎのように変化する．

- ◆ $K_p = 0$：$p(K_p)$ は制御対象の極 $-a$ と一致する．
- ◆ K_p が大きくなる：$p(K_p)$ は負の方向に（絶対値が）大きくなる．
- ◆ $K_p \to +\infty$：$p(K_p)$ は $-\infty$ に近づく．

図 13.8 は，この 3 つのポイントを図的表現により示したもので，図中のベクトル（青線）は根軌跡とよばれる．設計パラメータとなる制御系の極 $p(K_p)$ の変化を視覚的にわかりやすく表現したものである．ベクトルは極 $p(K_p)$ の向かう方向であり，K_p が連続的に変化すると，極 $p(K_p)$ は複素平面上でこれに応じて連続した軌跡となる．ここからは，この軌跡上を歩くつもりで読みすすめてほしい．式 (13.21) より，以下の性質が読み取れる．

- ◆ $b > 0$ でも $a < 0$ であれば制御対象 $P(s)$ は不安定となる．
- ◆ $K_p = 0$ の場合，制御をしていない．
- ◆ 制御系が安定になるのは，$0 > -\dfrac{a}{b}$ のとき，すなわち，$a > 0, b > 0$

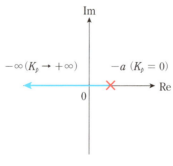

図 13.8　P 制御の根軌跡

もしくは $a < 0, b < 0$ のときである.

◆ 図 13.8 において，$P(s)$ が安定であるとき，K_p は必ず安定領域（複素左半平面）にプロットされる.

◆ 図 13.8 において，始点（✖印）が不安定領域（複素右半平面）に存在しているので不安定となる.

極の位置と応答に関する領域安定性については再度図 6.1 を参照してほしい.特徴は以下の通りに整理される.

◆ 図の左下隅（負の Re 軸近傍）に着目して，P ゲイン K_p を大きくしていくと，フィードバック制御系のインパルス応答は振動せず，より速く 0 に収束する.

◆ 操作量は K_p に比例するので，速応性を高めるため K_p を大きくすると，それにともない制御に必要な操作量の絶対値も大きくなる.

では，例題を解いてみよう.

例題 13.2

1 次遅れ系

$$P(s) = -\frac{1}{s+2}$$

において，制御していない場合（$K_p = 0$）と，P 制御を用いてフィードバック制御系を構成した場合（$K_p = 1, 3, 9$）の単位ステップ応答を設計 CAD[*2] を用いて調べなさい.

解答

図 13.9 は，$K_p = 0$ と，$K_p = 1, 3, 9$ の場合の単位ステップ応答を示したものである.図 13.9 から，K_p を増加させると，制御量 $y(t)$ が定常値に到達する時間は短くなり，速応性が改善されていることがわかる.一方，$K_p = 0$ の場合，応答は 1 に収束しているのに対して，それ以外の場合では応答は 1 に収束せず，偏差の定常値は 0 にならないことがわ

[*2] 代表的なものに scilab や MATLAB がある.近年は Google Colaboratory も有用である.

かる．K_p を大きくするに従い，偏差の定常値は小さくなるが，やはり 0 にはならない．

以上を整理してみよう．P 制御を用いてフィードバック制御系を構成したとき，制御していないときに比べると，過渡特性である速応性は向上する一方で，定常特性は劣化することがわかる．よって，P 制御のみでは解決できない特性があることを，ここで再度確認してほしい．

□

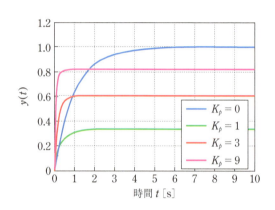

図 13.9 $K_p(>0)$ の違いに対する単位ステップ応答の変化

13.2.3 PI 制御の根軌跡法

コントローラを PI 制御 (式 (13.3)) とした場合のフィードバック制御系を考えてみよう．図 13.3 において，目標値 $R(s)$，外乱 $D(s)$ から操作量 $U(s)$，制御量 $Y(s)$ までの伝達関数は以下で表される．ここでは，制御対象 $P(s) = \dfrac{b}{s+a}$，コントローラ $C(s) = \dfrac{K_p s + K_i}{s}$ を代入した．

$$
\begin{cases}
\begin{aligned}
G_{ur}(s) &= \frac{C(s)}{1 + P(s)C(s)} = \frac{\dfrac{K_p s + K_i}{s}}{1 + \dfrac{b}{s+a}\dfrac{K_p s + K_i}{s}} \\
&= \frac{(s+a)(K_p s + K_i)}{s^2 + (a + bK_p)s + bK_i} \\
G_{ud}(s) &= -\frac{P(s)C(s)}{1 + P(s)C(s)} = -\frac{\dfrac{b}{s+a}\dfrac{K_p s + K_i}{s}}{1 + \dfrac{b}{s+a}\dfrac{K_p s + K_i}{s}} \\
&= -\frac{b(K_p s + K_i)}{s^2 + (a + bK_p)s + bK_i} \\
G_{yr}(s) &= \frac{P(s)C(s)}{1 + P(s)C(s)} = \frac{b(K_p s + K_i)}{s^2 + (a + bK_p)s + bK_i} \\
G_{yd}(s) &= \frac{P(s)}{1 + P(s)C(s)} = \frac{\dfrac{b}{s+a}}{1 + \dfrac{b}{s+a}\dfrac{K_p s + K_i}{s}} \\
&= \frac{bs}{s^2 + (a + bK_p)s + bK_i}
\end{aligned}
\end{cases} \tag{13.22}
$$

4つの伝達関数の分母（特性多項式）はいずれも同じ s の 2 次式となる．よって，特性方程式 $s^2 + (a + bK_p)s + bK_i = 0$ の根が，制御系の極となる．このとき，制御系の極は，K_p, K_i の関数 $p(K_p, K_i)$ として，以下で表される．

$$
p(K_p, K_i) = \frac{-(a + bK_p) \pm \sqrt{(a + bK_p)^2 - 4bK_i}}{2} \tag{13.23}
$$

式 (13.23) は 2 次方程式の解であり，根号内の値が正負によって以下の 3 パターンに分類される．

◆ $(a + bK_p)^2 - 4bK_i > 0$：$p(K_p, K_i)$ は 2 つの異なる実数根となる．

◆ $(a + bK_p)^2 - 4bK_i = 0$：$p(K_p, K_i) = \dfrac{-(a + bK_p)}{2}$ となる（重根）．

◆ $(a+bK_p)^2 - 4bK_i < 0 : p(K_p, K_i) = \dfrac{-(a+bK_p) \pm j\sqrt{4bK_i - (a+bK_p)^2}}{2}$

となる（共役複素根）．

K_p, K_i が変われば，極 $p(K_p, K_i)$ も変化するが，K_p と K_i の双方を変化させるとなると，とても理解し難いことは想像がつく．そこで，K_p を固定して K_i を 0 から大きくすると，極 $p(K_p, K_i)$ がどのように変化するかについて考えることにしよう．では，例題を解いてみよう．

例題 13.3

1 次遅れ系
$$P(s) = \frac{b}{s+a} = \frac{1}{s+2}$$
において，$K_p = 1$ と固定し，K_i の変化（$0 \to +\infty$）にともなう根軌跡を描きなさい．

解答

図 13.10 に根軌跡を示す．イメージ的には恋人同士の待ち合わせであろうか．両者の出発点（$K_i = 0$）は彼女が点 O （$0 + j0$），彼氏が点 A （$-2 + j0$）であった．やがて，$K_i = 1$ で点 B （$-1 + j0$）を待ち合わせ場所として互いが出会うことになる．しかし，残念なことに K_i が 1

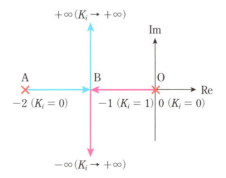

図 13.10 PI 制御において，K_p を固定し，K_i の変化に対する根軌跡（$a = 2$, $b = 1$, $K_p = 1$, $K_i \geq 0$）

より大きくなると，両者は離れ離れ（Im 軸方向の ± 領域へ発散）になり，2 人は悲しい軌跡を辿るというイメージである．　□

例題 13.4

1 次遅れ系

$$P(s) = \frac{b}{s+a} = \frac{1}{s+2}$$

において，$K_p = 2$ と固定し，K_i の変化（$K_i = 1, 3, 20$）にともなう単位ステップ応答の変化を示しなさい．

解答

図 **13.11** に K_i の変化にともなう単位ステップ応答の変化を示す．これより，$K_i = 1, 3$ とすれば，制御系の極 $p(K_p, K_i)$ は 2 つの異なる実数根となり，応答には振動成分はないことから，オーバーシュートは生じない．一方，$K_i = 20$ とすれば，速応性は改善するが，応答が振動的になる．以上のことを具体的に計算してみよう．

i) $a = 2, b = 1, K_p = 2, K_i = 1$ のとき
$(2 + 1 \times 2)^2 - 4 \cdot 1 \cdot 1 = 12 > 0$ より，異なる実数根となる．

ii) $a = 2, b = 1, K_p = 2, K_i = 3$ のとき
$(2 + 1 \times 2)^2 - 4 \cdot 1 \cdot 3 = 4 > 0$ より，異なる実数根となる．

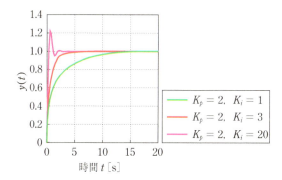

図 13.11 PI 制御の K_i の変化に対する単位ステップ応答の変化
（$a = 2, b = 1, K_p = 2, K_i \geq 0$）

第 13 章◆PID 制御

iii) $a = 2$, $b = 1$, $K_p = 2$, $K_i = 20$ のとき

$(2 + 1 \times 2)^2 - 4 \cdot 20 = -64 < 0$ より，共役複素根となる.

□

13.2.4　PID 制御の根軌跡法

さあ，PID 制御の場合はどんなストーリーが展開されるのであろうか．図 13.6 において，コントローラを PID 制御（式 (13.15)）とした場合の伝達関数は以下で表される．ここでは，制御対象 $P(s) = \dfrac{b}{s + a}$，コントローラ $C(s) = \dfrac{K_d s^2 + K_p s + K_i}{s}$ を代入した.

$$
\left\{
\begin{aligned}
G_{ur}(s) &= \frac{C(s)}{1 + P(s)C(s)} = \frac{\dfrac{K_d s^2 + K_p s + K_i}{s}}{1 + \dfrac{b}{s + a}\dfrac{K_d s^2 + K_p s + K_i}{s}} \\
&= \frac{(s + a)(K_d s^2 + K_p s + K_i)}{(1 + bK_d)s^2 + (a + bK_p)s + bK_i} \\
G_{ud}(s) &= -\frac{P(s)C(s)}{1 + P(s)C(s)} = -\frac{\dfrac{b}{s + a}\dfrac{K_d s^2 + K_p s + K_i}{s}}{1 + \dfrac{b}{s + a}\dfrac{K_d s^2 + K_p s + K_i}{s}} \\
&= -\frac{b(K_d s^2 + K_p s + K_i)}{(1 + bK_d)s^2 + (a + bK_p)s + bK_i} \\
G_{yr}(s) &= \frac{P(s)C(s)}{1 + P(s)C(s)} = \frac{b(K_d s^2 + K_p s + K_i)}{(1 + bK_d)s^2 + (a + bK_p)s + bK_i} \\
G_{yd}(s) &= \frac{P(s)}{1 + P(s)C(s)} = \frac{\dfrac{b}{s + a}}{1 + \dfrac{b}{s + a}\dfrac{K_d s^2 + K_p s + K_i}{s}} \\
&= \frac{bs}{(1 + bK_d)s^2 + (a + bK_p)s + bK_i}
\end{aligned}
\right.
\tag{13.24}
$$

やはり 4 つの伝達関数の分母はいずれも同じで，特性方程式 $(1 + bK_d)s^2 + (a + bK_p)s + bK_i = 0$ の根が，制御系の極となる．ここで重要なことを述べ

よう．各次数の s の係数に K_d, K_p, K_i の各ゲインが独立に含まれていることは，コントローラ設計の自由度がきわめて高いことを示唆している．したがって，制御系の極は，K_p, K_i, K_d の関数 $p(K_p, K_i, K_d)$ として，以下で表される．いま，$K_d \geq 0$ とすると，分母多項式は常に2次方程式となり，制御系の極は以下で表される．

$$p(K_p, K_i, K_d) = \frac{-(a + bK_p) \pm \sqrt{(a + bK_p)^2 - 4(1 + bK_d)bK_i}}{2(1 + bK_d)} \quad (13.25)$$

式 (13.25) は2次方程式の解であり，根号内の値が正負によって以下の3パターンに分類される．ここでは混乱を避けるために，$a = 1$, $b = 1$, $K_p = 1$, $K_i = 0.5$ と固定し K_d のみを変化させる．

- ◆ $0 < K_d < 1$：$p(K_p, K_i, K_d) = \dfrac{-2 \pm \sqrt{2(1 - K_d)}}{2(1 + K_d)}$ となり，極は2つの異なる実数根になる．
- ◆ $K_d = 1$：$p(K_p, K_i, K_d) = -12$ となり，極は重根となる．
- ◆ $K_d > 1$：$p(K_p, K_i, K_d)$ は共役複素根となる．

では，例題を解いてみよう．

例題 13.5

1次遅れ系

$$P(s) = \frac{b}{s + a} = \frac{1}{s + 2}$$

において，$K_p = 2$, $K_i = 0.5$ と固定し，K_d の変化（0 → 10）にともなう根軌跡を描きなさい．

解答

図 13.12 に根軌跡を示す．根軌跡を調べるメリットは，単位ステップ応答を求めることなく，コントローラの設計パラメータを変化させたときのフィードバック制御系の特性を知ることができる点にある．くどいようではあるが，実数軸（Re 軸）の左方向に移動すればするほど過渡応答は収束が速まるし，虚数軸方向に根軌跡が拡張することで振動的な現

第 13 章 ◆ PID 制御

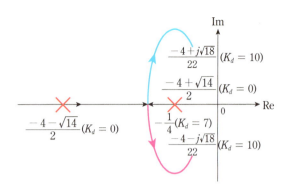

図 13.12　PID 制御において K_p, K_i を固定し，K_d の変化に対する根軌跡（$a=2$, $b=1$, $K_p=2$, $K_i=0.5$, $0 \leq K_d \leq 10$）

象の存在を知ることができる． □

章末問題

13.1 つぎの文章中の空欄を埋めなさい．

問 1　PID 制御とは 3 つの制御要素を表し，（　　　　　），（　　　　　），（　　　　　）から構成されている．

問 2　PID 制御における設計パラメータは，（　　　　　），（　　　　　），（　　　　　）とよばれる定数から構成されている．

問 3　P, I, D 各制御系設計パラメータの値の変化にともなって制御系の（　　　　　）を描くことによって，（　　　　　）を調べることができる．

13.2 図 13.13 の P 制御による制御系において，$P(s) = \dfrac{1}{s-3}$ としたとき，各問に答えなさい．

問 1　目標値 $R(s)$, 外乱 $D(s)$ から，操作量 $U(s)$, 制御量 $Y(s)$ までの 4 つの伝達関数 $G_{ur}(s)$, $G_{ud}(s)$, $G_{yr}(s)$, $G_{yd}(s)$ を求めなさい．

問 2　制御系の極を K_p の関数として求め，極の実部が -3 未満とな

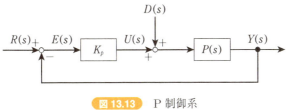

図 13.13　P 制御系

る K_p に関する条件式を示しなさい．

13.3 図 13.3 において，$P(s) = \dfrac{1}{s-3}$ として PI 制御を適用したとき，各問に答えなさい．

問 1　伝達関数 $G_{ur}(s)$, $G_{ud}(s)$, $G_{yr}(s)$, $G_{yd}(s)$ を求めなさい．

問 2　制御系の極を K_p, K_i の関数として求め，極の実部が -2 未満となる K_p, K_i に関する条件式を示しなさい．

13.4 つぎの伝達関数をもつシステム $P(s) = \dfrac{1}{s^3 + s^2 + 6s + 8}$ について各問に答えなさい．

問 1　このシステムの安定性をラウスの安定判別法を用いて判定しなさい．また，不安定な場合，その極の個数を求めなさい．

問 2　P 制御を適用しコントローラ $C(s) = K_p$ としたとき，制御系が安定となる K_p の範囲を求めなさい．

第14章 制御系の定常特性

これまでは,目標値あるいは外乱がステップ入力やランプ入力となる場合を考えてきたが,他の入力に対して定常偏差を 0 とするための条件は何か存在するのであろうか.本章では,定常偏差を 0 とする方法について解説する.

14.1 定常偏差

図 14.1 に示すフィードバック制御系を考えてみよう.式 (12.15),(12.21) より,制御量 $Y(s)$ は

$$Y(s) = \frac{P(s)C(s)}{1+P(s)C(s)} R(s) + \frac{P(s)}{1+P(s)C(s)} D(s) \quad (14.1)$$

となり,開ループ伝達関数 $L(s) = P(s)C(s)$ として,式 (14.1) の分母のみを $L(s)$ に置き換えると,

$$Y(s) = \frac{P(s)C(s)}{1+L(s)} R(s) + \frac{P(s)}{1+L(s)} D(s) \quad (14.2)$$

と書ける.この伝達関数は目標値 $R(s)$ と外乱 $D(s)$ のそれぞれが出力に影響を与えることを示している.フィードバック制御系に対しての定常特性に関する制御仕様として,つぎのような要件を求められることが多い.

・目標値 $r(t)$ ($\mathcal{L}[r(t)] = R(s)$) に対して,偏差 $e(t)$ ($\mathcal{L}[e(t)] = E(s)$) の

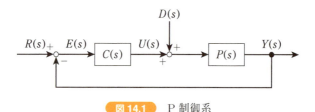

図 14.1　P 制御系

定常値を 0 にしたい.

・外乱 $d(t)$（$\mathcal{L}[d(t)] = D(s)$）が存在する場合でも，偏差 $e(t)$ の定常値を 0 にしたい.

この偏差 $e(t)$ の定常値 e_∞（$\lim_{t \to \infty} e(t)$ で定義される）を定常偏差とよぶ．これは，フィードバック制御系の定常状態における性能をはかるうえで重要な指標である．図 14.1 の信号間の関係は以下に表される．これらを用いて，フィードバック制御系における定常偏差がどのようになるかを考えてみよう.

$$
\begin{cases}
E(s) = R(s) - Y(s) \\
U(s) = C(s)E(s) \\
Y(s) = P(s)(U(s) + D(s))
\end{cases}
\tag{14.3}
$$

ここで $Y(s)$ を消去すると，次式が得られる.

$$
\begin{aligned}
E(s) &= R(s) - P(s)(U(s) + D(s)) \\
&= R(s) - P(s)C(s)E(s) - P(s)D(s)
\end{aligned}
\tag{14.4}
$$

この偏差 $E(s)$ を目標値 $R(s)$ と外乱 $D(s)$ との和として整理すると，

$$
\begin{aligned}
E(s) &= \frac{1}{1 + P(s)C(s)}R(s) - \frac{P(s)}{1 + P(s)C(s)}D(s) \\
&= \frac{1}{1 + L(s)}R(s) - \frac{P(s)}{1 + L(s)}D(s)
\end{aligned}
\tag{14.5}
$$

となる．ここで，コントローラ $C(s)$ は，フィードバック制御系を内部安定となるように設計されているものとする．よって，定常偏差 e_∞ は最終値定理を用いて，以下に計算される.

$$
\begin{aligned}
e_\infty = \lim_{t \to \infty} e(t) &= \lim_{s \to 0} sE(s) \\
&= \lim_{s \to 0} s \left\{ \frac{1}{1 + L(s)}R(s) - \frac{P(s)}{1 + L(s)}D(s) \right\} \\
&= \lim_{s \to 0} s \frac{1}{1 + L(s)}R(s) - \lim_{s \to 0} s \frac{P(s)}{1 + L(s)}D(s) \quad (14.6)
\end{aligned}
$$

第 14 章 ◆ 制御系の定常特性

ここでは，線形システムを対象としているので，目標値に対する定常偏差と，定常偏差に現れる外乱の影響とを独立して考えることができる．そこで，式 (14.6) を以下の 2 本の式に分けて考えることとする．

(1) 目標値に対する定常偏差 e_∞^r（式 (14.6) の右辺第 1 項）

$$e_\infty^r = \lim_{s \to 0} s \frac{1}{1 + L(s)} R(s) \tag{14.7}$$

(2) 外乱に対する定常偏差 e_∞^d（式 (14.6) の右辺第 2 項）

$$e_\infty^d = \lim_{s \to 0} s \frac{P(s)}{1 + L(s)} D(s) \tag{14.8}$$

14.2 目標値に対する定常偏差

まず，目標値追従性を評価してみよう．式 (14.7) において，目標値を単位ステップ信号 $r(t) = 1 \left(\mathcal{L}[r(t)] = R(s) = \dfrac{1}{s} \right)$ とし，外乱を $d(t) = 0$ $(\mathcal{L}[d(t)] = D(s) = 0)$ とする．このとき，目標値に対する定常偏差 e_∞^r は以下で表される．

$$e_\infty^r = \lim_{s \to 0} s \frac{1}{1 + L(s)} R(s) = \lim_{s \to 0} s \frac{1}{1 + L(s)} \frac{1}{s} = \frac{1}{1 + L(0)} \tag{14.9}$$

式 (14.9) から，$L(0) = P(0)C(0)$ が大きければ e_∞^r は小さくなる．したがって，制御系が安定となる範囲で，$L(0)$ を大きくするようなコントローラ $C(s)$ が設計できれば，定常偏差を小さくすることができる．また，$L(0) = P(0)C(0) = \infty$ とすれば，e_∞^r は以下で表される[*1]．

$$e_\infty^r = \lim_{s \to 0} \frac{1}{1 + L(s)} = \frac{1}{\infty} = 0 \tag{14.10}$$

これより，単位ステップ信号に対する定常偏差を 0 にすることができ，とても有効である．$L(0) = \infty$ となるためには，$L(s)$ を構成する制御対象 $P(s)$ またはコントローラ $C(s)$ のどちらかが，$s = 0$ の極を少なくとも 1 つもつよ

[*1] 正確には $\lim_{s \to 0} P(s)C(s) = \infty$.

194

うに以下の式へと変形する.

$$L(s) = P(s)C(s) = \frac{b_m s^m + b_{m-1} s^{m-1} + \cdots + b_1 s + b_0}{s(s^n + a_{n-1} s^{n-1} + \cdots + a_1 s + a_0)} \quad (n > m)$$
(14.11)

式 (14.11) は非常に重要な形を示しており,式の分母の括弧の前にある極 s の存在をしっかりかみしめてほしい.また,式 (14.11) の右辺は制御対象 $P(s)$,コントローラ $C(s)$ が展開された式となっている.このことは,$s = 0$ の極が制御対象 $P(s)$,コントローラ $C(s)$ のどちらにあってもよいことを示している.もしも,コントローラ $C(s)$ が $s = 0$ の極をもつならば,以下の形に変形できる.

$$C(s) = \frac{1}{s} C'(s), \quad (C'(s) : C(s) \text{ から } \frac{1}{s} \text{ の因子を除いたもの}) \quad (14.12)$$

重要なことは,コントローラ $C(s)$ が I 制御の要素 $\frac{1}{s}$ を 1 つもつという考え方である.ただし,この場合,$P(s)$ には $s = 0$ の零点[*2] が存在してはならないことに注意を要する[*3].

14.3　外乱に対する定常偏差

つぎに,外乱除去性能を評価してみよう.式 (14.8) において,外乱を単位ステップ信号 $d(t) = 1 \left(\mathcal{L}[d(t)] = D(s) = \frac{1}{s} \right)$ とし,目標値を $r(t) = 0$ とする.このとき,外乱に対する定常偏差 e_∞^d は以下で表される.

$$e_\infty^d = \lim_{s \to 0} s \frac{P(s)}{1 + L(s)} D(s) = \lim_{s \to 0} s \frac{P(s)}{1 + L(s)} \frac{1}{s} = \frac{P(0)}{1 + L(0)} \quad (14.13)$$

14.2 節とは異なり,$L(s)$ を構成するコントローラ $C(s)$ が $s = 0$ の極を少なくとも 1 つもてば,$L(0) = P(0)C(0) = \infty$ となり,$e_\infty^d = 0$ とすることができる.しかし,制御対象 $P(s)$ が $s = 0$ の極を 1 つだけもってしまうと,式 (14.13) の分子は $P(0) = \lim_{s \to 0} P(s) = \infty$ となるので,$e_\infty^d = 0$ とならないこ

[*2]　$P(s)$ の「分子多項式」$= 0$ の根.

[*3]　なぜならば,$s = 0$ の分母の極と分子の零点が相殺されて $s = 0$ の極が消えてしまうからである.

第 14 章 ◆ 制御系の定常特性

とに注意する必要がある.

14.3.1　コントローラの設計が不十分な場合

　ここでは，制御対象 $P(s)$ に $s = 0$ の極が 1 つだけ存在し，コントローラ $C(s)$ が本来もつべき $s = 0$ の極をもたない場合を考える．式 (14.12) を参考とすれば，制御対象 $P(s)$ は以下で表される.

$$P(s) = \frac{1}{s}P'(s), \quad \left(P'(s) : P(s) から \frac{1}{s} の因子を除いたもの \right) \quad (14.14)$$

式 (14.14) を，式 (14.13) に代入すると，以下で表される.

$$e_\infty^d = \lim_{s \to 0} s \frac{P(s)}{1 + L(s)} \frac{1}{s}$$

$$= \lim_{s \to 0} s \frac{P(s)}{1 + P(s)C(s)} \frac{1}{s} = \lim_{s \to 0} \frac{\dfrac{P'(s)}{s}}{1 + \dfrac{P'(s)C(s)}{s}}$$

$$= \lim_{s \to 0} \frac{P'(s)}{s + P'(s)C(s)} \quad (14.15)$$

コントローラ $C(s)$ に $s = 0$ の極が存在しないならば，式 (14.15) において，$P'(0)C(0) \neq 0$, $P'(s) \neq 0$ となるので，e_∞^d は以下の通りとなる.

$$e_\infty^d = \lim_{s \to 0} \frac{P'(s)}{s + P'(s)C(s)} = \frac{P'(0)}{P'(0)C(0)} = \frac{1}{C(0)} \neq 0 \quad (14.16)$$

つまり，外乱に対する定常偏差は 0 に収束しない.

14.3.2　コントローラの設計が十分な場合

　ここでは，制御対象 $P(s)$ が $s = 0$ の極を 1 つももたず，コントローラ $C(s)$ が $s = 0$ の極を 1 つだけもつ場合を考える．すなわち，式 (14.12) のようにコントローラ $C(s)$ に I 制御の要素が存在する．このとき，$\lim_{s \to 0} P(s)C(s) = P(0)C(0) = L(0) = \infty$ となり，$P(0)$ は有限な一定値となっているので，e_∞^d は以下の通りとなる.

$$e_\infty^d = \lim_{s \to 0} \frac{P(s)}{1 + L(s)} = \frac{P(0)}{\infty} = 0 \quad (14.17)$$

196

つまり，外乱に対する定常偏差は 0 となる．

　以上をまとめよう．目標値 $r(t)$ と外乱 $d(t)$ がともに単位ステップ信号の場合，定常偏差を 0 にする条件はつぎの通りである．

◆ フィードバック制御系の内部安定性が確保されていること．
◆ コントローラ $C(s)$ が $s = 0$ の極を少なくとも 1 つもつように設計すること．

章末問題

14.1　つぎの文章中の空欄を埋めなさい．
　　問 1　望ましい定常特性とは，（　　　　　　　　）や外乱に対して
　　　　　（　　　　　　　　）が 0 となることである．
　　問 2　フィードバック制御系が（　　　　　　　　）であるならば，定
　　　　　常偏差は（　　　　　　　　）を用いて求めることができる．
　　問 3　定常偏差 0 を実現するためには，制御系の（　　　　　　　　）
　　　　　を確保すると同時に，（　　　　　　　　）を目標値や外乱と
　　　　　（　　　　　　　　）ように，コントローラを設計すればよい．

14.2　図 14.1 のフィードバック制御系について，システムの伝達関数が

$$L(s) = P(s)C(s) = \frac{s + 4}{s^2 + 5s + 12}$$

で表されるとき，各問に答えなさい．
　　問 1　$L(s) = P(s)C(s)$ とおいたとき，この $L(s)$ の名称を答えなさい．
　　問 2　$L(s)$ に対して，目標値を $r(t) = 1$（単位ステップ信号）で与え
　　　　　たときの定常偏差を求めなさい．ただし，外乱は 0 とする．

14.3　図 14.1 のフィードバック制御系について，制御対象 $P(s)$，コントローラ $C(s)$ が

$$P(s) = \frac{s + 2}{s^2 + 5s}, \quad C(s) = \frac{3}{s}$$

で表されるとき，各問に答えなさい．
　　問 1　目標値 $R(s)$，外乱 $D(s)$ を用いて偏差 $E(s)$ を表す伝達関数を

第 14 章 ◆ 制御系の定常特性

求めなさい.

問 2 $L(s) = P(s)C(s)$ に対して,目標値を単位ランプ信号 $(t, t \geq 0, \mathcal{L}[t] = \dfrac{1}{s^2})$ で与えたときの定常偏差を求めなさい.ただし,外乱は 0 とする.

問 3 $L(s) = P(s)C(s)$ に対して,外乱を単位ランプ信号 $(t, t \geq 0, \mathcal{L}[t] = \dfrac{1}{s^2})$ で与えたときの定常偏差を求めなさい.ただし,目標値は 0 とする.

14.4 図 14.1 のフィードバック制御系について,制御対象 $P(s)$,コントローラ $C(s)$ が以下で表されるとき,フィードバック制御系が内部安定で,かつ目標値をステップ信号としたときの定常偏差が 5 % 以内になるような K_p の範囲を求めなさい.

$$P(s) = \frac{1}{s - 3}, \quad C(s) = K_p \quad (K_p:\text{定数})$$

14.5 前問 14.4 の $P(s)$ 対して,目標値に対する定常偏差を 0 にすることを考える.このとき $C(s)$ はどのような形にすればよいかを述べるとともに,その 1 つを示しなさい.

第15章

総合演習

　本章では，定期試験，大学院試験および機械技術者設計 3 級対策を想定して総合的な演習を用意した．これまでに学んできた成果をぜひここで腕試ししていただきたい．

中間試験対策

15.1 つぎの文章中の空欄にもっとも適した語句を語句群から選んで記入しなさい．

① 制御とは対象に（　　㋐　　）を加えて（　　㋑　　）に動かすことである．

② 工学での微分は（　　㋒　　）や（　　㋓　　）で表すことが多い．

③ 伝達関数とは（　　㋔　　）の入力と（　　㋕　　）の関係を表したものである．

④ ラプラス変換の目的は，時間変数（　　㋖　　）による（　　㋗　　）がラプラス変数（　　㋘　　）による（　　㋙　　）に変わり，（　　㋚　　）を求めやすくすることである．

⑤ インパルス応答はシステムに（　　㋛　　）を加える応答であり，ステップ応答はシステムに（　　㋜　　）を加える応答である．

語 句 群

一瞬だけの入力　　一定の入力　　代数方程式　　t　　s　　思い通り
微分方程式　　システムの応答　　操作　　動的システム　　出力
$\dfrac{\mathrm{d}y(t)}{\mathrm{d}t}$　　$\dot{x}(t)$

15.2 つぎの微分方程式をラプラス変換を用いて解きなさい．

(1) $\dot{y}(t) = 100y(t)$,　　$y(0) = -10$

第 15 章 ◆ 総合演習

(2) $y'(t) = -0.3y(t), \quad y(0) = 1$

(3) $\dot{y}(t) + 2y(t) = e^{-t}, \quad y(0) = -1$

(4) $y''(t) + y'(t) = u_s(t), \quad y(0) = y'(0) = 0, \quad$ ただし，$u_s(t) = 1 \, (t \geqq 0)$

15.3 システムの数学モデル $\dfrac{dy(t)}{dt} = -4y(t) + 4u(t),\ y(0) = 0$ について，各問に答えなさい.

問 1 伝達関数を求めなさい.

問 2 インパルス応答を求めなさい.

問 3 単位ステップ応答を求めなさい.

15.4 以下の伝達関数 $G(s)$ のシステムについて，各問に答えなさい.

$$G(s) = \frac{T}{Ts + 1} \tag{15.1}$$

問 1 このシステムは何次遅れ系かを答え，その理由を述べなさい.

問 2 $T = 20$ のときの極を求めなさい.

問 3 $T = 30$ のときのインパルス応答を計算し，その概略を図示しなさい. 原点や軸名も記入しなさい.

問 4 $T = 30$ のときの単位ステップ応答を計算し，その概略を図示しなさい. 原点や軸名も記入しなさい.

15.5 以下の伝達関数 $G(s)$ のシステムについて，各問に答えなさい.

$$G(s) = \frac{8}{s^2 + 5s + 6} \tag{15.2}$$

問 1 このシステムは何次遅れ系かを答え，その理由を述べなさい.

問 2 インパルス応答を求めなさい.

問 3 単位ステップ応答を求めなさい.

期末試験対策

15.6 フィードバックシステムについて，各問に答えなさい.

問 1 語句群と記号をすべて用いて，フィードバックシステムのブロック線図を書きなさい.

大学院入試対策

```
┌──────── 語句群と記号 ────────┐
│ 制御対象  操作量  外乱  偏差  コントローラ  目標値  制御量 │
│ $P(s)$   $U(s)$   $D(s)$   $E(s)$   $C(s)$   $R(s)$   $Y(s)$ │
└──────────────────────────────┘
```

問 2 目標値と制御量との伝達関数が $G_{yr}(s) = \dfrac{P(s)C(s)}{1 + P(s)C(s)}$ とな
ることを式 (12.21) より導きなさい.

問 3 外乱と制御量との伝達関数が $G_{yd}(s) = \dfrac{P(s)}{1 + P(s)C(s)}$ となる
ことを式 (12.21) より導きなさい.

15.7 伝達関数 $G(s) = \dfrac{1}{s^4 + 4s^3 + (a - 2)s^2 + 4s - b}$ について, 各問に答
えなさい.

問 1 ラウスの安定判別法を適用するために必要な条件を 2 つ挙げな
さい.

問 2 問 1 の条件が満たされているものとして, ラウス表およびラウ
ス数列を作成しなさい.

問 3 伝達関数 $G(s)$ が安定となる a, b の範囲を (a, b) 平面に図示し
なさい.

15.8 つぎの伝達関数を基本要素に分解し, ボード線図を折れ線近似にて描
きなさい.

問 1 $G_1(s) = \dfrac{10}{s + 10}$

問 2 $G_2(s) = \dfrac{50s + 100}{(s + 1)(s + 10)}$

15.9 開ループ伝達関数を $L(s) = \dfrac{K}{s(s^2 + 2s + 1)}$ としたとき, フィード
バック制御系を安定にする K の条件をナイキストの安定判別法によ
り求めなさい.

大学院入試対策

15.10 つぎの線形動的システムについて, 各問に答えなさい. ただし, $y(t)$
は出力, $f(t)$ は入力であり, ドット $(\cdot)$ は時間微分を表す. また, す

べての初期状態は 0 とする.
$$\ddot{y}(t) + 4\dot{y}(t) + 5y(t) = f(t) \tag{15.3}$$

問 1 入力 $f(t)$ と出力 $y(t)$ の間の伝達関数を導き，このシステムの極を求めなさい．

問 2 このシステムに変位速度に関するフィードバックをほどこし，さらに制御入力を加えたところ，入力が $f(t) = -7\dot{y}(t) - 5y(t) + 10u(t)$ となった．入力 $f(t)$ と出力 $y(t)$ の間の伝達関数を求めなさい．

問 3 問 2 で求めた伝達関数のボード線図の概略図を，角周波数 10^{-3} 〜 10^4 [rad/s] の範囲で描きなさい．

問 4 問 2 で求めた伝達関数を $G(s)$ とするとき，図 15.1 に示すフィードバック制御系の安定性をラウスの安定判別法を用いて調べなさい．

15.11 図 15.2 に示すような水槽を考える．水槽の断面積を A，水位を $y(t)$，単位時間当たりの流入量を $u(t)$，単位時間当たりの流出量を $d(t) = \dfrac{y(t)}{\Gamma}$ とする．ただし Γ は定数である．このとき，各問に答えなさい．

問 1 入力 $u(t)$，出力を $y(t)$，および媒介変数を流出量 $d(t)$ として微分方程式 1 本を含む 2 本の方程式を導きなさい．

問 2 2 本の方程式を初期値 $y(0) = 0$ としてラプラス変換し，伝達関数を求めなさい．

問 3 目標水位を r_0 とし，水位との差 $e(t) = r_0 - y(t)$ を用いて入

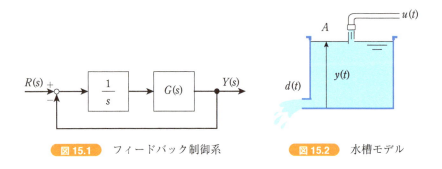

図 15.1　フィードバック制御系　　　図 15.2　水槽モデル

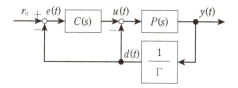

図 15.3 フィードバック制御系

力を $u(t) = K \int_0^t e(\tau)\mathrm{d}\tau$（$K$ は係数）と定めるとき，目標水位に対するフィードバック制御系が構成できる（**図 15.3**）．このときの伝達関数を求めなさい．

問 4 問 3 で構成したフィードバック制御系において定常偏差が 0 となることを，最終値定理を用いて示しなさい．

15.12 **図 15.4** に示す DC モータによって駆動される回転機械について，各問に答えなさい．

制御対象

機械に連結された状態でモータ回転軸周りの慣性モーメントが $J\,[\mathrm{kg \cdot m^2}]$ であり，さらに軸受まわりに角速度 $\omega(t)\,[\mathrm{rad/s}]$ に比例する減衰特性を有し，その粘性減衰係数が $C\,[\mathrm{N \cdot m \cdot s/rad}]$ であることがわかった．回転軸にトルク $\tau(t)\,[\mathrm{Nm}]$ を作用させたときの運動方程式は

$$J\frac{\mathrm{d}\omega(t)}{\mathrm{d}t} + C\omega(t) = \tau(t) \tag{15.4}$$

と書ける．また，モータの電気系の運動方程式は，電流 $i(t)\,[\mathrm{A}]$ と電圧 $v(t)\,[\mathrm{V}]$ を用いて次式となる．

$$L\frac{\mathrm{d}i(t)}{\mathrm{d}t} + Ri(t) = v(t) - K\omega(t) \tag{15.5}$$

ここで，$L\,[\mathrm{H}]$ はインダクタンス，$R\,[\Omega]$ は電機子抵抗である．さらに，$K\,[\mathrm{Nm/A}]$ はトルク定数および逆起電力定数であり，ここでは同じ値をもつものとする．よって，このときトルクは

$$\tau(t) = Ki(t) \tag{15.6}$$

で与えられる．

問 1 初期値 $y(0) = 0$ としてラプラス変換し，入力 $v(t)$，出力を $\omega(t)$ として伝達関数を求めなさい．

問 2 問 1 で求めた伝達関数を $G(s)$ とするとき，積分補償器 $\dfrac{K_i}{s}$ を用いて，図 15.5 のフィードバック制御系を構築した．$\Omega(s)$ は $\omega(t)$ のラプラス変換であり，$\Omega^*(s)$ はその目標値 $\omega^*(t)$ を示す．このとき，$\Omega^*(s)$ と $\Omega(s)$ の間の伝達関数を求めなさい．

問 3 図 15.5 のフィードバック制御系において，目標値を単位ステップ信号として与えた場合，定常状態での出力である回転角速度比 $\omega_\infty/\omega_\infty^*$ の値を最終値定理を用いて求めなさい．

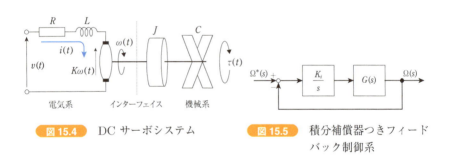

図 15.4 DC サーボシステム

図 15.5 積分補償器つきフィードバック制御系

15.13 つぎの線形動的システムに関して，各問に答えなさい．ただし，$y(t)$ は出力，$u(t)$ は入力であり，ドット（・）は時間微分を表す．また，すべての初期状態は 0 である．

$$\ddot{y}(t) + 11\dot{y}(t) + 10y(t) = u(t) \tag{15.7}$$

問 1 式 (15.7) をラプラス変換して，入力 $u(t)$ と出力 $y(t)$ の間の伝達関数を求めなさい．

問 2 問 1 で求めた伝達関数のボード線図の概略図を描きなさい．

問 3 問 1 で求めた伝達関数を $G(s)$ として，図 15.6 に示すフィー

ドバック制御系を構成した．コントローラ $C(s)$ が PI 制御器として構成され，$C(s) = K_p + \dfrac{K_i}{s}$ で与えられるとき，このフィードバック制御系が安定であるための条件を求めなさい．ただし，$K_p > 0, K_i > 0$ とする．

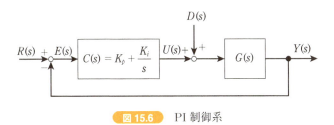

図 15.6 PI 制御系

15.14 特性方程式
$$s^3 + 4s^2 + as + b = 0 \tag{15.8}$$
の根が，すべて $\mathrm{Re}|\lambda| \leqq -1$ となるように，a, b の値を求め，その領域を図示しなさい．

機械設計技術者試験 3 級対策

　機械設計技術者試験 3 級では，近年基礎力を試す良問が出題されている．3 級合格のためには 10 分野各 6 割以上の得点が求められるが，制御工学の分野については自信をもって解くことのできるようトレーニングを積んでほしい．15.15〜15.17 は，平成 27 年度に出題された機械設計技術者試験 3 級の試験問題である．

15.15 図 15.7 のようなダッシュポットとばねを用いた系の伝達係数 $G(s)$ は，変位 $y(t)$ を出力とすると
$$G(s) = \frac{1}{1 + Ts} \tag{15.9}$$
である．なお，T は定常状態の 63.2 % に達する時間である．この系について各問に答えなさい．

問 1 図 15.7 に示すシステムの動特性を表す要素として，もっとも

適切な語句を語句群から選びなさい．

―― 語句群 ――
① 1次遅れ要素　② 積分要素　③ 2次遅れ系
④ 微分要素　　⑤ 比例要素　⑥ むだ時間要素

問 2　問 1 の系において，ダッシュポットの粘性係数 ρ，バネ定数 k とする．T を求める式として，もっとも適切な数式を数式群の中から選びなさい．

[補足] 問 1 の系の運動方程式は，以下の式で表される．

$$\rho \frac{dy(t)}{dt} = k(x(t) - y(t)) \tag{15.10}$$

―― 数式群 ――
① ρk　② $2\rho k$　③ $\sqrt{\dfrac{\rho}{k}}$　④ $\sqrt{\dfrac{k}{\rho}}$　⑤ $\dfrac{k}{\rho}$　⑥ $\dfrac{\rho}{k}$
⑦ $\dfrac{2\rho}{k}$　⑧ $\dfrac{\rho}{2k}$

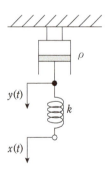

図 15.7　ダッシュポット・ばねモデル

15.16 PID 制御は，構造が簡単かつプラントに設置してからも調整が容易であり，安定性の解析などが理論的に行えるなどの理由から，プロセ

ス制御や多くのアクチュエータ制御系に用いられている．各問の文章中の空欄【Ａ】～【Ｃ】にもっとも適切な数式を数式群の中から選びなさい．

問1 時間領域におけるＰ動作とは，制御偏差 $e(t)$ に比例する信号を出力する動作であり，制御出力を $c(t)$，比例ゲイン K_p とすれば

$$c(t) = K_p e(t) \tag{15.11}$$

である．よって，Ｐ動作の伝達関数 $G(s)$ は

$$G(s) = 【A】 \tag{15.12}$$

である．

問2 同様にＩ動作とは，制御偏差 $e(t)$ を累積し，操作量を出力する動作であり，積分時間を T_i とすれば

$$c(t) = K_p \times \frac{1}{T_i} \int e(t) \mathrm{d}t \tag{15.13}$$

である．ただし，Ｉ動作は油圧装置制御などに単独で用いられることもあるが，部分はP+IのPI動作として機能させる．よって，PI動作の伝達関数 $G(s)$ は

$$G(s) = 【B】 \tag{15.14}$$

である．

問3 同様に，Ｄ動作とは，外乱などの入力で制御偏差 $e(t)$ の急激な変化を抑制するため，操作量を素早く調整して制御量の変化をもとの状態に戻す働きをする動作であり，微分時間を T_d とすれば

$$C(t) = K_p \times T_d \frac{\mathrm{d}e(t)}{\mathrm{d}t} \tag{15.15}$$

である．ただし，Ｄ動作は単独では制御能力がないため，P+DのPD動作，P+I+DのPID動作として機能する．PID動作の伝達関数 $G(s)$ は

$$G(s) = 【C】 \tag{15.16}$$

第 15 章 ◆ 総合演習

である.

数式群

① $\dfrac{1}{K_p}$　② K_p　③ $K_p s$　④ $\dfrac{1}{K_p s}$　⑤ $K p(1+T_i s)$

⑥ $\dfrac{1}{K_p}(1+T_i s)$　⑦ $K_p(1+\dfrac{1}{T_i s})$　⑧ $\dfrac{1}{K_p}(1+\dfrac{1}{T_i s}f)$

⑨ $K p(1+T_i s+T_d s)$　⑩ $\dfrac{1}{K p}(1+T_i s+T_d s)$

⑪ $K_p(1+\dfrac{1}{T_i s}+T_d s)$　⑫ $\dfrac{1}{K_p}(1+\dfrac{1}{T_i s}+T_d s)$

⑬ $K_p(1+T_i s+\dfrac{1}{T_d s})$　⑭ $\dfrac{1}{K_p}(1+T_i s+\dfrac{1}{T_d s})$

15.17 あるプラントにステップの大きさ 10 mm に対する応答を求めたところ, 図 15.8 のような記録結果を得た. なお, 図中の点線は, 記録後に付加した補助線である. この記録結果を用いて, プラントを制御するために必要な PI コントローラの比例ゲイン K_p を求め, もっとも近い値を数値群の中から選びなさい.

〔補足〕

PID 制御の各パラメータを調整する方法の 1 つとして, 実験経験から求める Ziegler-Nichols のステップ応答法があり, PI 動作の比例ゲイン K_p は次式で求める.

$$K_p = \frac{0.9T}{KL} \tag{15.17}$$

ただし, K：ゲイン定数　T：時定数　L：むだ時間である.

数値群

① 0.18　② 0.3　③ 0.5　④ 0.67　⑤ 2.5　⑥ 4

⑦ 5.4　⑧ 6.7

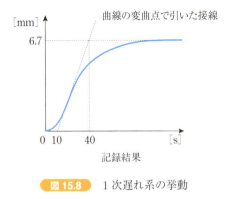

図 15.8　1次遅れ系の挙動

章末問題の解答

以下，章末問題の解答のみを掲載する．本書には収録されていないが，WEB に詳細な解答 PDF を置くことにするので，そちらも積極的に活用いただきたい．

該当 URL：https://www.kspub.co.jp/download/978-4-06-156554-8_2.pdf

1.1 問 1　1, e^t
　　　問 2　実軸，虚軸
　　　問 3　$\cos\theta$, $\sin\theta$
　　　問 4　ある目的，対象，操作

1.2 水槽の温度制御 P を例にとると，図 A.1 のようになる．

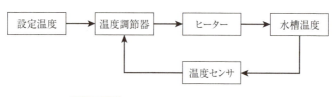

図 A.1　フィードバック制御系の例

1.3 考えられる外乱要因：人数，窓や扉の開閉，天候，学生の服装，コンピュータを使った授業ならばコンピュータの発熱など．

1.4 制御対象，検出部，操作部，制御部

1.5 制御対象：手，操作部：筋肉，検出部：目，制御部：脳
ブロック線図を書くと以下の通りとなる．

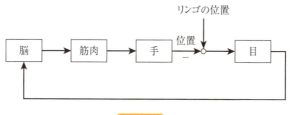

図 A.2

1.6 $y(t) = 5\mathrm{e}^{-10t}$

2.1 問 **1** 　現在の出力，現在の入力
　　　　問 **2** 　現在の出力，過去の入力，微分方程式

2.2 $M\ddot{y}(t) + D\dot{y}(t) = f(t)$

2.3 $M\ddot{y}(t) + D\dot{y}(t) + Ky(t) = f(t)$

2.4 $J\dot{\omega}(t) + B\omega(t) = \tau(t)$

2.5 $Ry(t) + \dfrac{1}{C}\displaystyle\int_0^t y(\tau)\mathrm{d}\tau = u(t)$

2.6 $R\dfrac{\mathrm{d}y(t)}{\mathrm{d}t} + \dfrac{1}{C}y(t) = \dfrac{\mathrm{d}u(t)}{\mathrm{d}t}$

2.7 $C\dfrac{\mathrm{d}y(t)}{\mathrm{d}t} + \dfrac{1}{R}y(t) = u(t)$

3.1 問 **1** 　微分方程式，代数方程式
　　　　問 **2** 　留数（ヘビサイドの展開定理），ラプラス変換表
　　　　問 **3** 　ブロック，矢印

3.2 $F(s) = \dfrac{1}{s + 3}$

3.3 $F(s) = 2\dfrac{\omega}{s^2 + \omega^2} + \dfrac{s}{s^2 + \omega^2} = \dfrac{2\omega + s}{s^2 + \omega^2}$

3.4 $G_1(s) = \dfrac{1}{Ms^2 + Ds + K}$

3.5 問 **1** 　$G_2(s) = \dfrac{1}{RCs + 1}$

　　　　問 **2** 　$G_3(s) = \dfrac{Cs}{RCs + 1}$

3.6 $W(s) = \dfrac{A(s)}{1 - A(s)B(s)}$

3.7 問 **1** 　$f(t) = m\dfrac{\mathrm{d}y^2(t)}{\mathrm{d}t^2}$

　　　　問 **2** 　$\dfrac{\mathrm{d}y(t)}{\mathrm{d}t} = v_0 - gt$

問 3　$y(t) = y_0 + v_0 t - \dfrac{1}{2}gt^2$

4.1　**問 1**　何らかの入力，入力の時間変化，出力の時間変化

　　　　問 2　一瞬だけの入力

　　　　問 3　一定の入力

　　　　問 4　伝達関数，インパルス入力，単位ステップ入力，伝達関数，逆ラプラス変換

4.2　式 (4.15) の両辺をラプラス変換して整理すると，

$$(s + a)Y(s) = bU(s),\ Y(s) = \mathcal{L}[y(t)],\ U(s) = \mathcal{L}[u(t)],$$

$$Y(s) = \frac{b}{s + a}U(s)$$

となる．よって，$U(s)$ から $Y(s)$ までの伝達関数 $G(s)$ は $G(s) = \dfrac{b}{s + a}$ となる．

4.3　$y(t) = \mathcal{L}^{-1}[G(s)U(s)] = \mathcal{L}^{-1}\left[\dfrac{bh}{s(s + a)}\right] = \dfrac{bh}{a}(1 - \mathrm{e}^{-at})$

4.4　**問 1**　$G(s) = \dfrac{Y(s)}{U(s)} = \dfrac{3}{s + 6}$

　　　　問 2　$y(t) = \mathcal{L}^{-1}\left[\dfrac{3}{s + 6} \times 1\right] = 3\mathrm{e}^{-6t}$

　　　　問 3　$\dfrac{3}{s(s + 6)} = \dfrac{1}{2}\left(\dfrac{1}{s} - \dfrac{1}{s + 6}\right)$

　　　　問 4　$y(t) = \mathcal{L}^{-1}[G(s)U_r(s)] = \dfrac{1}{2}\mathcal{L}^{-1}\left[\dfrac{1}{s} - \dfrac{1}{s + 6}\right] = \dfrac{1}{2}\left(1 - \mathrm{e}^{-6t}\right)$

5.1　**問 1**　初期値，定常値，過渡特性

　　　　問 2　定常特性

　　　　問 3　減衰比，固有角周波数

　　　　問 4　3つ，不足減衰，臨界減衰，過減衰

5.2　図 **A.3** が $T = 1$, $T = 5$ の場合のインパルス応答である．

5.3　図 **A.4** が $T = 2, 10$ の場合の単位ステップ応答である．

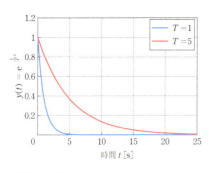

図 A.3 $T=1, T=5$ の場合のインパルス応答

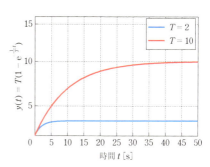

図 A.4 $T=2, 10$ の場合の単位ステップ応答

5.4 式 (5.6) において，$t=T$ のとき $K\left(1-\mathrm{e}^{-\frac{1}{T}T}\right) = K\left(1-\mathrm{e}^{-1}\right) \fallingdotseq 0.632K$ となるからである．

5.5 式 (5.34) は $G(s) = \dfrac{2 \cdot 0.7^2}{s^2 + 2 \cdot 0.5 \cdot 0.7 s + 0.7^2}$ と変形できる．よって $\omega_n = 0.7$，$\zeta = 0.5$ となる．式 (5.24) において，$K=2$ とすると，以下となる．

$$y(t) = 2\left\{1 - \frac{1}{\sqrt{1-0.25}}\mathrm{e}^{-0.35t}\sin(0.7\sqrt{1-0.25}t + \phi)\right\}, \phi = 1.05\,[\mathrm{rad}]$$

6.1 問 1　特性方程式，極，システムの応答
　　　問 2　実部，しない，虚部，する
　　　問 3　実部，収束
　　　問 4　虚部，速く
　　　問 5　実部が負，代表極

6.2 問 1　i) $\omega_n = 3, \zeta = 0.5 < 1$，不足減衰
　　　　　ii) $\omega_n = 3, \zeta = 1$，臨界減衰
　　　　　iii) $\omega_n = \sqrt{3}, \zeta = \dfrac{2}{\sqrt{3}} > 1$，過減衰

　　　問 2　i) $y(t) = 2\sqrt{3}\mathrm{e}^{-\frac{3}{2}t}\sin\dfrac{3\sqrt{3}}{2}t$

章末問題の解答

ii) $y(t) = 4te^{-3t}$

iii) $y(t) = \dfrac{3}{2}\left\{e^{-t} - e^{-3t}\right\}$

6.3 i) $y(t) = 1 - \dfrac{\sqrt{6}}{3}e^{-\frac{3}{2}t}\sin\left(\dfrac{3}{2}t + \dfrac{\pi}{4}\right)$

ii) $y(t) = \dfrac{4}{9}(1 - e^{-3t} - 3te^{-3t}) = \dfrac{4}{9}\{1 - (1 + 3t)e^{-3t}\}$

iii) $y(t) = 1 - \dfrac{3}{2}e^{-t} + \dfrac{1}{2}e^{-3t}$

6.4 **問1** $G(s) = \dfrac{Y(s)}{F(s)} = \dfrac{1}{Ms^2 + Ds + K}$

問2 i) $M = 1,\ D = 3,\ K = 2$ の場合，$y(t) = e^{-t} - e^{-2t}$

ii) $M = 1,\ D = 2,\ K = 4$ の場合，$y(t) = \dfrac{1}{\sqrt{3}}e^{-t}\sin\sqrt{3}t$

問3 i) $M = 1, D = 3, K = 2$ の場合，$y(t) = \dfrac{1}{2}(1 - 2e^{-t} + e^{-2t})$

ii) $M = 1,\ D = 2,\ K = 4$ の場合，

$$y(t) = \dfrac{1}{4}\left\{1 - e^{-t}\sin(\sqrt{3}t + \phi)\right\}, \quad \phi = \tan^{-1}\sqrt{3}$$

7.1 **問1** 定常値，最終値定理

問2 負

問3 特性方程式，極，ラウスの安定判別法

問4 符号の反転，不安定な極

7.2 **問1** $\alpha,\ \beta = -1 \pm j\sqrt{5}$. 極の実部は $-1 < 0$ であり，システムは安定である．

問2 $y_\infty = \dfrac{1}{3}$

7.3 $a > \dfrac{9}{2}$

7.4 判定は不安定，不安定な極の数は 2 個．

7.5 **問1** $G_1(s)$ は不安定，$G_2(s)$ は安定，$G_3(s)$ は不安定．

問2 $G_1(s)$ は不安定な極の数は 1 個，$G_2(s)$ は不安定な極の数は 0

個，$G_3(s)$ は不安定な極の数は 2 個．

8.1 問 1　正弦波，周波数応答
　　　問 2　角周波数，ゲイン，位相，振幅，位相
　　　問 3　基本要素，小さくなり，遅れる
　　　問 4　1 デカード，decade

8.2 問 1　$G(s) = \dfrac{K}{Ts+1}$ ただし，時定数：$T > 0$

　　　問 2　i)　入力，出力，正弦波（sin）

　　　　　　ii)　$K\dfrac{1}{\sqrt{(\omega T)^2 + 1}}$

　　　　　　iii)　$-\tan^{-1} \omega T$

8.3 システムが不安定ということは，出力，つまり周波数応答が発散するということである．よって，出力の振幅を測定することができない．

8.4 ゲイン特性は，図 A.5 に示す i)〜iv) の通りである．

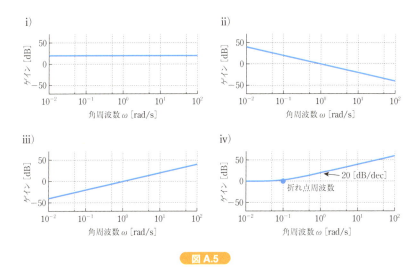

図 A.5

8.5 $T = 0.1, 10$ の場合，折れ点周波数はそれぞれ 10，$0.1\,[\text{rad/s}]$ となる．また位相線図は折れ点周波数において $45\,[\text{deg}]$ 遅れる．

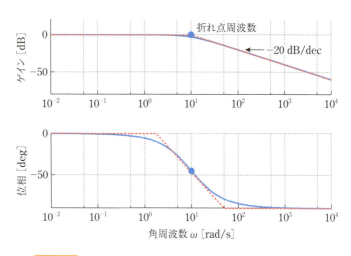

図 A.6 折れ点周波数 $\omega = 10$ [rad/s] 場合のボード線図

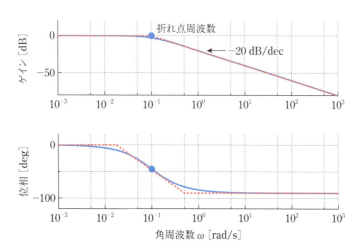

図 A.7 折れ点周波数 $\omega = 0.1$ [rad/s] 場合のボード線図

9.1 問 1 　ボード線図，足し合わせ，折れ線近似
　　　問 2 　角周波数，小さく，遅れる
　　　問 3 　振幅，共振，$0 < \zeta < \dfrac{1}{\sqrt{2}}$

9.2

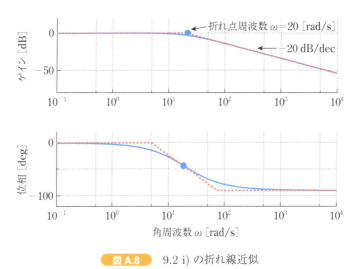

図 A.8 9.2 i) の折れ線近似

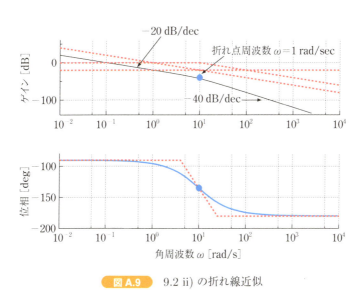

図 A.9 9.2 ii) の折れ線近似

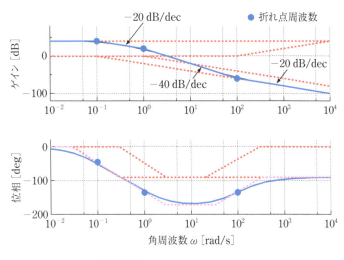

図 A.10 9.2 iii) の折れ線近似

9.3 $G(s) = G_1(s) \cdot G_2(s) \cdot G_3(s) \cdot G_4(s)$

$\qquad = 10 \times \dfrac{1}{(s+1)^2} \times (0.2s+1)^2 \times \dfrac{1}{0.1s+1}$

10.1 問 1　ベクトル軌跡,複素平面
　　　問 2　$s = j\omega$,複素数,振幅の大きさ,位相(偏角),ベクトル軌跡
　　　問 3　ベクトル軌跡,実部,虚部

10.2 図 **A.11** に微分要素のベクトル軌跡を示す.

10.3 図 **A.12** にむだ時間要素のベクトル軌跡を示す.

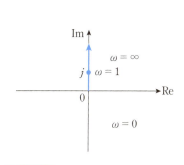

図 A.11　微分要素のベクトル軌跡

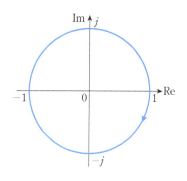

図 A.12　むだ時間要素のベクトル軌跡

11.1 問 1　$-1 + j0$，安定，不安定
　　 問 2　開ループ，不安定な極，ナイキスト，フィードバック
　　 問 3　ベクトル軌跡，ボード線図，ゲイン，位相
　　 問 4　開ループ極，原点

11.2　$N_p(s) = 1, D_p(s) = s - 3$
　　　$N_c(s) = s - 3, D_c(s) = s + 3$

11.3 問 1　$P = 1$
　　 問 2　$L(s) = P(s)C(s) = \dfrac{1}{s-3} \times \dfrac{s-3}{s+3} = \dfrac{1}{s+3}$
　　 問 3　ナイキスト軌跡は図 11.5 と一致する．したがって $N = 0$ である．
　　 問 4　$N = Z - P$ より $Z = 1$ であり，不安定な閉ループ極が 1 つ存在するため，フィードバック制御系は内部安定でない．

11.4　ゲイン余裕 $\mathrm{GM} = \dfrac{1}{4} = 20\log_{10}\dfrac{1}{4} \fallingdotseq -12.04\,[\mathrm{dB}]$ となり，不安定となる．

11.5　図 A.13 のようにナイキスト軌跡を描いてみると，点 $-1 + j0$ を常に左側に見ているので，フィードバック制御系は安定である．

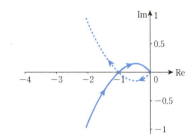

図 A.13 $L(s) = \dfrac{5}{s(s+1)(s+2)}$ のナイキスト軌跡

12.1 問 1　できない
　　　問 2　できない
　　　問 3　出現する
12.2 問 1　設計パラメータ，できる，不安定
　　　問 2　できる
　　　問 3　抑制できる
12.3 問 1　求めるブロック線図を図 A.14 に示す．

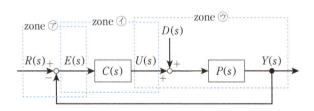

図 A.14 外乱を含むフィードバック制御系

問 2　$G_{ur}(s) = \dfrac{U(s)}{R(s)} = \dfrac{C(s)}{1+P(s)C(s)},$

$G_{ud}(s) = \dfrac{U(s)}{D(s)} = -\dfrac{P(s)C(s)}{1+P(s)C(s)},$

$G_{yr}(s) = \dfrac{Y(s)}{R(s)} = \dfrac{P(s)C(s)}{1+P(s)C(s)},$

$G_{yd}(s) = \dfrac{Y(s)}{D(s)} = \dfrac{P(s)}{1+P(s)C(s)}$

章末問題の解答

12.4 問 1，問 2 を合わせて解答する．

i) $G_{ur}(s) = \dfrac{s-1}{s^2+2s-2}, G_{ud}(s) = -\dfrac{1}{s^2+2s-2}$

$G_{yr}(s) = \dfrac{1}{s^2+2s-2}, G_{yd}(s) = \dfrac{s+3}{s^2+2s-2}$

よって，4つの伝達関数の極は，特性方程式 $s^2+2s-2=0$ を解いて，$s=-1\pm\sqrt{3}$ となり，$-1+\sqrt{3}>0$ の実部が正の極が存在するので，制御系は安定にはならない．

ii) $G_{ur}(s) = \dfrac{10(s-1)}{s^2+2s+7}, G_{ud}(s) = -\dfrac{10}{s^2+2s+7}$

$G_{yr}(s) = \dfrac{10}{s^2+2s+7}, G_{yd}(s) = \dfrac{s+3}{s^2+2s+7}$

よって，4つの伝達関数の極は，特性方程式 s^2+2s+7 を解いて，$s=-1\pm j\sqrt{6}$ となり，実部が $-1<0$ となるので，制御系は安定となる．

iii) $G_{ur}(s) = \dfrac{s-2}{s+2}, G_{ud}(s) = -\dfrac{1}{s+2}$

$G_{yr}(s) = \dfrac{1}{s+2}, G_{yd}(s) = \dfrac{s+1}{(s+2)(s-2)}$

よって，4つの伝達関数のうち，$G_{yd}(s)$ が不安定な極 $s=2$ をもつため，制御系は安定にはならない．

iv) $G_{ur}(s) = \dfrac{s+10}{(s+11)(s-3)}, G_{ud}(s) = -\dfrac{1}{s+11}$

$G_{yr}(s) = \dfrac{1}{s+11}, G_{yd}(s) = \dfrac{s-3}{s+11}$

よって，4つの伝達関数のうち，$G_{ur}(s)$ が不安定な極 $s=3$ をもつため，制御系は安定にはならない．

v) $G_{ur}(s) = \dfrac{s+3}{2s+3}, G_{ud}(s) = -\dfrac{s+1}{2s+3}$

$G_{yr}(s) = \dfrac{s+1}{2s+3}, G_{yd}(s) = \dfrac{(s+1)(s+2)}{(2s+3)(s+3)}$

よって，4つの伝達関数の極は，$G_{ur}(s)$，$G_{ud}(s)$，$G_{yr}(s)$ の極が

221

章末問題の解答

$s = -\dfrac{3}{2}$, $G_{yd}(s)$ の極が $s = -\dfrac{3}{2}$, -3 となり，実部はすべて負である．したがって，制御系は安定になる．

13.1 問1 比例制御，積分制御，微分制御

問2 Pゲイン（K_p），Iゲイン（K_i），Dゲイン（K_d）

問3 根軌跡，極の変化

13.2 問1 $G_{ur}(s) = \dfrac{K_p(s-3)}{s-3+K_p}$, $G_{ud}(s) = -\dfrac{K_p}{s-3+K_p}$

$G_{yr}(s) = \dfrac{K_p}{s-3+K_p}$, $G_{yd}(s) = \dfrac{1}{s-3+K_p}$

問2 $K_p > 6$

13.3 問1 $G_{ur}(s) = \dfrac{(K_p s + K_i)(s-3)}{s^2 + (K_p - 3)s + K_i}$, $G_{ud}(s) = -\dfrac{K_p s + K_i}{s^2 + (K_p - 3)s + K_i}$

$G_{yr}(s) = \dfrac{K_p s + K_i}{s^2 + (K_p - 3)s + K_i}$, $G_{yd}(s) = \dfrac{s}{s^2 + (K_p - 3)s + K_i}$

問2 ・$(K_p - 3)^2 - 4K_i > 0$ のとき：極は相異なる実数となるから，$\dfrac{-(K_p - 3) \pm \sqrt{(K_p - 3)^2 - 4K_i}}{2} < -2$

・$(K_p - 3)^2 - 4K_i \leq 0$ のとき：$-\dfrac{(K_p - 3)}{2} < -2$ より，$K_p > 7$

13.4 問1 ラウス数列は，上から順に $1, 1, -2, 8$ となり，符号が2回変わるから，$P(s)$ の不安定な極が2個である．

問2 $-2 > K_p > -8$

14.1 問1 目標値，定常偏差

問2 安定，最終値定理

問3 内部安定性，制御系の型，一致させる

14.2 問1 開ループ伝達関数

問2 $e_\infty = \dfrac{3}{4}$

222

14.3 問1 $\quad E(s) = \dfrac{s^2(s+5)}{s^3 + 5s^2 + 3s + 6} R(s) - \dfrac{s(s+2)}{s^3 + 5s^2 + 3s + 6} D(s)$

問2 $\quad e_\infty = \lim_{s \to 0} s \dfrac{s^2(s+5)}{s^3 + 5s^2 + 3s + 6} \dfrac{1}{s^2} = 0$

問3 $\quad e_\infty = -\lim_{s \to 0} s \dfrac{s(s+2)}{s^3 + 5s^2 + 3s + 6} \dfrac{1}{s^2} = -\dfrac{1}{3}$

14.4 $\quad K_p > 63$

14.5 例として，PI 制御

$$C(s) = \frac{K_p s + K_i}{s}$$

を適用する．

15.1 ㋐ 操作　㋑ 思い通り　㋒ $\dfrac{\mathrm{d}y(t)}{\mathrm{d}t}$　㋓ $\dot{x}(t)$　㋔ 動的システム

㋕ 出力　㋖ t　㋗ 微分方程式　㋘ s　㋙ 代数方程式

㋚ システムの応答　㋛ 一瞬だけの入力　㋜ 一定の入力

15.2 (1) $y(t) = -10\mathrm{e}^{100t}$

(2) $y(t) = \mathrm{e}^{-0.3t}$

(3) $y(t) = \mathrm{e}^{-t} - 2\mathrm{e}^{-2t}$

(4) $y(t) = t - 1 + \mathrm{e}^{-t}$

15.3 問1 $\quad G(s) = \dfrac{4}{s+4}$

問2 $\quad y(t) = 4\mathrm{e}^{-4t}$

問3 $\quad y(t) = 1 - \mathrm{e}^{-4t}$

15.4 問1 分母多項式（特性方程式）が s の 1 次式であるから，1 次遅れ系である．

問2 $\quad -\dfrac{1}{20}$

問3 $\quad y(t) = \mathrm{e}^{-\frac{t}{30}}$

問4 $\quad y(t) = 30(1 - \mathrm{e}^{-\frac{1}{30}t})$

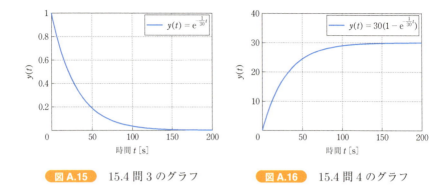

図 A.15　15.4 問 3 のグラフ　　図 A.16　15.4 問 4 のグラフ

15.5　問 1　特性方程式が s の 2 次であることから，2 次遅れ系である．

問 2　$y(t) = 8(e^{-2t} - e^{-3t})$

問 3　$y(t) = \dfrac{4}{3} - 4e^{-2t} + \dfrac{8}{3}e^{-3t}$

15.6　問 1

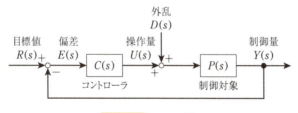

図 A.17　15.6 問 1

問 2　$G_{yr}(s) = \dfrac{P(s)C(s)}{1 + P(s)C(s)}$

問 3　$G_{yd}(s) = \dfrac{P(s)}{1 + P(s)C(s)}$

15.7　問 1　条件 1：すべての係数および定数が正であること
　　　　条件 2：欠項がないこと

問 2　ラウス表は**表 A.1** の通りとなる．ラウス数列を求めると以下となる．

$$\left\{1,\ 4,\ a-3,\ \frac{4(a+b-3)}{a-3},\ -b\right\}$$

表 A.1 15.7 問 2

	1	$a-2$	$-b$
ω^4 行			
ω^3 行	$\boxed{4}$	4	0
s^2 行	$\dfrac{\boxed{4}\times(a-2)-1\times 4}{\boxed{4}}=\boxed{a-3}$	$\dfrac{4\times(-b)-1\times 0}{4}=-b$	$\dfrac{4\times 0-1\times 0}{4}=0$
s^1 行	$\dfrac{\boxed{a-3}\times 4-\boxed{4}\times(-b)}{a-3}=\dfrac{4(a+b-3)}{a-3}$	$\dfrac{(a-3)\times 0-4\times 0}{a-3}=0$	
s^0 行	$\dfrac{\dfrac{4(a+b-3)}{a-3}\times(-b)-\boxed{a-3}\times 0}{\dfrac{4(a+b-3)}{a-3}}=-b$	$\dfrac{\dfrac{4(a+b-3)}{a-3}\times 0-(a-3)\times 0}{\dfrac{4a-4b-12}{a-3}}=0$	

□ はピボット

問 3 図 A.18 のもっとも密度の濃いクロスハッチング部となる．ただし，境界は含まない．

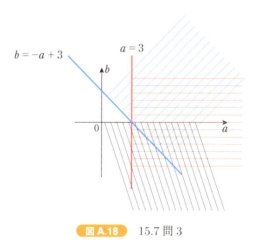

図 A.18 15.7 問 3

15.8 問 1 図 A.19 となる．

問 2 図 A.20 となり，青点は折れ点周波数を示す．

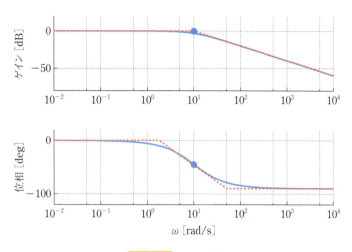

図 A.19 15.8 問 1

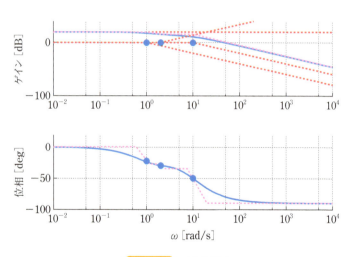

図 A.20 15.8 問 2

15.9 $0 < K < 2$

15.10 問 1 $G(s) = \dfrac{1}{s^2 + 4s + 5}$, 極は $-2 \pm j$

問 2 $G(s) = \dfrac{Y(s)}{U(s)} = \dfrac{10}{s^2 + 11s + 10}$

問3 図 A.21 となる.

問4 ラウス表は表 A.2 のとおりとなる．ラウス数列は $\left\{1, 11, \dfrac{100}{11}, 10\right\}$ となり，符号の反転が一度もないことから安定．

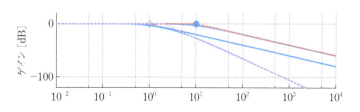

図 A.21　15.10 問 3

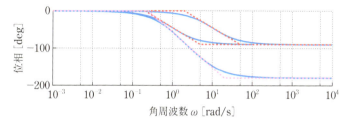

表 A.2　15.10 問 4

□ はピボット

15.11

問1 　$A\dot{y}(t) = u(t) - d(t), \quad d(t) = \dfrac{y(t)}{\Gamma}$

問2 　$G(s) = \dfrac{Y(s)}{U(s)} = \dfrac{\Gamma}{A\Gamma s + 1}$

章末問題の解答

問 3 $G(s) = \dfrac{A\Gamma s^2 + s}{A\Gamma s^2 + s + K\Gamma}$

問 4 $y_\infty = \lim_{s \to 0} s \dfrac{A\Gamma s^2 + s}{A\Gamma s^2 + s + K\Gamma} \dfrac{1}{s} = \dfrac{0}{K\Gamma} = 0$

15.12 問 1 $G(s) = \dfrac{\Omega(s)}{V(s)} = \dfrac{1}{(Js+C)(Ls+C)+K}$

問 2 $\dfrac{\Omega(s)}{\Omega^*(s)} = \dfrac{K_i G(s)}{s + K_i G(s)}$

問 3 $\dfrac{\omega_\infty}{\omega_\infty^*} = 1$

15.13 問 1 $G(s) = \dfrac{1}{s^2 + 11s + 10}$

問 2 図 A.22 がゲイン線図，図 A.23 が位相線図である．

問 3 $K_p > 0,\ K_i > 0,\ 110 + 11K_p > K_i$

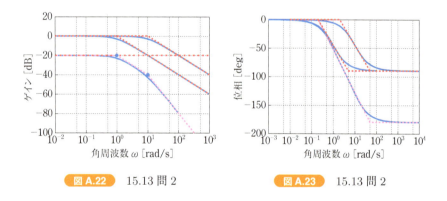

図 A.22　15.13 問 2　　　図 A.23　15.13 問 2

15.14 a, b が満たすべき条件はとして，$b < 2a - 8,\ b > a - 3$ が求められ，図 A.24 の青色ハッチング部となる．ただし，境界は含まない．

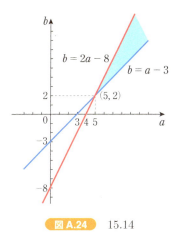

図 A.24 15.14

- **15.15** 問 1 ①
  - 問 2 ⑥
- **15.16** 問 1 【 A 】 ②
  - 問 2 【 B 】 ⑦
  - 問 3 【 C 】 ⑪
- **15.17** ⑥

参考文献

- 佐藤和也，平元和彦，平田研二：はじめての制御工学，講談社（2010）
- 古田勝久：メカニカルシステム制御，オーム社（1984）
- 今井弘之，竹口知男，能勢和夫：やさしく学べる制御工学，森北出版（2000）
- 土谷武士，江上正：基礎システム制御工学，森北出版（2001）
- 森泰親：演習で学ぶ基礎制御工学【新装版】，森北出版（2014）
- 野波健蔵，西村秀和：MATLABによる制御理論の基礎，東京電機大学出版局（1998）
- 足立修一：MATLABによる制御工学，東京電機大学出版局（2007）
- 杉江俊治，藤田政之：フィードバック制御入門，コロナ社（1999）
- 土谷武士，江上正：現代制御工学，産業図書（2000）
- 佐藤和也，下本陽一，熊澤典良：はじめての現代制御理論，講談社（2012）

索　引

欧字
DC サーボシステム ･････････････････ 35
D ゲイン ･････････････････････････････179
D 制御 ･･･････････････････････････････179
I ゲイン ･･････････････････････････････174
I 制御 ･･･････････････････････････････174
PID 制御 ･････････････････････173, 179
PI 制御 ･････････････････････････････174
P ゲイン ･････････････････････････････173
P 制御 ･････････････････････････････173
RLC 直列回路 ･････････････････････ 17
zpk 表現 ･････････････････････････････ 78

あ
安定性 ･･･････････････････････････84, 90
安定余裕 ･････････････････････････････151
行き過ぎ時間 ･････････････････････････ 56
行き過ぎ量 ･･･････････････････････････ 56
位相 ･････････････････････････････････ 99
位相交差周波数 ･･･････････････152, 153
位相線図 ･････････････････････････････105
位相余裕 ･･･････････････････････152, 154
1 次遅れ系のインパルス応答 ･･････････ 58
1 次遅れ系の応答 ･････････････････････ 57
1 次遅れ系の周波数応答 ･････････････ 98
1 次遅れ系の周波数伝達関数 ･････････131
1 次遅れ系の周波数特性 ･････････････105
1 次遅れ系の単位ステップ応答 ･･･････ 60
1 次遅れ系のボード線図 ･････････････105
1 次遅れ要素 ･････････････････････････109
1 次進み要素 ･･･････････････････････112
一巡伝達関数 ･････････････････････････146
1 デカード ･･･････････････････････････105
一般的なシステムの伝達関数 ････････ 78
インパルス応答 ･･･････････････････････ 45
遠心調速器 ･･･････････････････････････ 8
オイラーの公式 ･･････････････････････ 6
大きさ ･･･････････････････････････････132
遅れ時間 ･････････････････････････････ 55

オーバーシュート ･････････････････････ 55
折れ線近似 ･･････････････････････････111
折れ点周波数 ････････････････････････111

か
回転ダンパ ･･･････････････････････････ 15
外乱 ･･･････････････････････････････8, 195
開ループ極 ･････････････････････147, 148
開ループシステム ･････････････････････146
開ループ伝達関数 ･･･････････････146, 148
開ループ特性 ････････････････････････146
ガウス平面 ･･･････････････････････････ 4
角周波数 ･････････････････････････････ 98
過減衰 ･･･････････････････････67, 71, 82
片対数グラフ ････････････････････････103
過渡特性 ･････････････････････････････ 55
ガバナ ･･･････････････････････････････ 8
慣性 ･････････････････････････････････ 16
完全平方式 ･･･････････････････････････ 29
観測雑音 ･････････････････････････････ 9
感度調整法 ･･････････････････････････175
機械系の動的システム ･･･････････････ 12
逆ラプラス変換 ･･････････････････････ 24
共振現象 ･････････････････････････････128
共役複素根 ･･･････････････････････････ 63
極 ･･･････････････････････････････････ 77
極形式 ･･･････････････････････････････ 6
極と応答との関係 ･････････････････････ 80
虚軸 ･････････････････････････････････ 4
虚数 ･････････････････････････････････ 4
ゲイン ･･････････････････････････78, 102
ゲイン交差周波数 ･･･････････････152, 153
ゲイン線図 ･･････････････････････････105
ゲイン余裕 ･････････････････････152, 154
検出信号 ･････････････････････････････ 8
検出量 ･･･････････････････････････････ 8
根 ･･･････････････････････････････････ 62
根軌跡法 ･･･････････････････････････181

索 引

コントローラ……………………… 8	

さ

最終値定理………………… 26, 86
時間積分……………………… 26
時間微分……………………… 25
指数関数……………………… 2
システムの減衰性………………… 56
システムの速応性………………… 55
実軸………………………… 4
実数………………………… 4
実数化……………………… 131
実数根……………………… 63
質量………………………… 13
時定数……………………… 62
自動車のサスペンションモデル……176
遮断周波数………………… 111
重根………………………… 63
周波数応答………………… 98
周波数伝達関数……………… 131
周波数特性………………… 102
主要極……………………… 82
振幅………………………… 98
制御量……………………… 8
正弦波……………………… 98
整定時間…………………… 56
静的システム……………… 10
積分ゲイン………………… 174
積分制御…………………… 174
積分要素…………………… 108
零点………………………… 78
操作信号…………………… 8
操作部……………………… 8
操作量……………………… 8

た

代表極……………………… 82
立ち上がり時間…………………… 55
単位インパルス入力……………… 45
単位ステップ応答……………… 49
単位ステップ関数……………… 27
単位ステップ入力……………… 49
ダンパ……………………… 12

直列結合…………………… 39
底…………………………… 2
定常ゲイン………………… 133
定常値……………………… 55
定常特性………………… 55, 84
定常偏差…………………… 193
デルタ関数………………… 26
電気系の動的システム……………… 17
伝達関数…………………… 33
伝達関数の分解…………… 117
動径………………………… 6
動的システム……………… 12
特性方程式………………… 62
特性方程式の根…………… 77

な

ナイキスト軌跡………… 136, 148
ナイキストの安定判別法……… 146, 148
2 次遅れ系の一般形の伝達関数……122
2 次遅れ系のインパルス応答……… 63
2 次遅れ系の応答……………… 62
2 次遅れ系の単位ステップ応答…… 69
2 次遅れ系のボード線図…………118
ネイピア数………………… 2
ねじりばね………………… 16
粘性抵抗…………………… 15

は

ばね………………………… 13
微分ゲイン………………… 179
微分制御…………………… 179
微分方程式………………… 3
微分要素…………………… 107
比例ゲイン………………… 173
比例制御…………………… 173
比例要素…………………… 106
フィードバック結合……………… 40
フィードバック制御系……………… 8
フィードバック制御系の安定条件……144
フィードバック制御系の設計………164
フィードフォワード制御系の安定条件
……………………………143
フィードフォワード制御系の設計……160

索 引

複素数······································ 4
複素平面·································· 4
不足減衰··················· 67, 70, 82
部分分数展開······················ 31
ブロック線図······················ 34
閉ループ極·························147
閉ループシステム·············146
並列結合······························ 39
べき指数······························ 2
ベクトル軌跡···········136, 148
ヘビサイドの展開定理········ 31
偏角······························ 6, 132
変数分離形·························· 3
ボード線図···············103, 114
ボード線図とベクトル軌跡との関係 ·138

ま
マス−ばね−ダンパシステム·········· 14
むだ時間要素·························113
目標値································ 8, 194

ら
ラウス数列····························· 94
ラウスの安定判別法····················· 94
ラウス表····························· 94
ラプラス変換························· 22
ラプラス変換の線形性············· 25
ランプ関数························· 27
留数································ 31
臨界減衰··················· 67, 70, 82

わ
ワット································ 7

233

著者紹介

竹澤　聡　博士（工学）
　1957 年　千歳市美笛千歳鉱山生まれ
　1981 年　北海道大学工学部機械工学科卒業
　旭川実業高校教諭，北海道工業高校教諭を経て，
　1997 年　北海道大学大学院工学研究科博士課程修了
　その後，北海道工業大学講師，助教授，教授を経て，
　現　　在　北海道科学大学 教授
　　　　　　日本機械学会フェロー

NDC548.3　　239p　　　21cm

ゼロからはじめる制御工学

　　2017 年 12 月 7 日　　第 1 刷発行
　　2022 年 9 月 14 日　　第 5 刷発行

著　者　竹澤　聡
発行者　髙橋明男
発行所　株式会社　講談社
　　　　〒 112-8001　東京都文京区音羽 2-12-21
　　　　　販売　（03）5395-4415
　　　　　業務　（03）5395-3615
編　集　株式会社　講談社サイエンティフィク
　　　　代表　堀越俊一
　　　　〒 162-0825　東京都新宿区神楽坂 2-14　ノービィビル
　　　　　編集　（03）3235-3701
本文データ制作　藤原印刷株式会社
印刷・製本　株式会社ＫＰＳプロダクツ

落丁本・乱丁本は，購入書店名を明記のうえ，講談社業務宛にお送りください．送料小社負担にてお取替えいたします．なお，この本の内容についてのお問い合わせは，講談社サイエンティフィク宛にお願いいたします．定価はカバーに表示してあります．

©Satoshi Takezawa, 2017

本書のコピー，スキャン，ディジタル化等の無断複製は著作権法上での例外を除き禁じられています．本書を代行業者等の第三者に依頼してスキャンやディジタル化することはたとえ個人や家庭内の利用でも著作権法違反です．

JCOPY　〈（社）出版者著作権管理機構　委託出版物〉

複写される場合は，その都度事前に（社）出版者著作権管理機構（電話 03-5244-5088，FAX 03-5244-5089，e-mail: info@jcopy.or.jp）の許諾を得てください．

Printed in Japan

ISBN 978-4-06-156554-8